Scratch
趣味创意编程

主 编：肖新国　颜文豪

编 委：陈碧荣　蔡光腾　高　波　刘少江

　　　 田翠玲　王　蕾　肖晴晗　杨先云

清华大学出版社

北 京

内 容 简 介

本书以 Scratch 软件为平台载体,以学生喜爱的任务活动为形式,旨在培养学生的创新意识和实践能力,让学生在活动中动手,在活动中创新,充分享受创意编程的魅力和快乐。

本书活动设计由浅入深,教学性强,非常适合中小学、师范类院校或部分大中专、职业院校作为“创客”的基础教材使用。

图书在版编目(CIP)数据

Scratch 趣味创意编程/肖新国,颜文豪主编 . —北京:清华大学出版社,2017 (2021.1重印)
ISBN 978-7-302-45971-2

Ⅰ. ①S… Ⅱ. ①肖… ②颜… Ⅲ. ①程序设计-青少年读物 Ⅳ. ①TP311.1-49

中国版本图书馆 CIP 数据核字(2016)第 312846 号

责任编辑:赵轶华 张孟青
封面设计:傅瑞学
责任校对:李 梅
责任印制:沈 露

出版发行:清华大学出版社
　　　　网　　址:http://www.tup.com.cn, http://www.wqbook.com
　　　　地　　址:北京清华大学学研大厦 A 座　　　邮　编:100084
　　　　社 总 机:010-62770175　　　　　　　　　邮　购:010-62786544
　　　　投稿与读者服务:010-62776969,c-service@tup.tsinghua.edu.cn
　　　　质量反馈:010-62772015,zhiliang@tup.tsinghua.edu.cn
印 装 者:涿州市京南印刷厂
经　　销:全国新华书店
开　　本:185mm×260mm　　印　张:7　　字　数:110 千字
版　　次:2017 年 1 月第 1 版　　　　印　次:2021 年 1 月第 4 次印刷
定　　价:36.00 元

产品编号:070447-01

前言

PREFACE

　　湖北省仙桃市中小学信息技术学科工作室成立于2013年10月,有小学、初中、高中学科带头人3名,省级骨干教师4名,市级骨干教师7名,一线优秀教师10名。多年来,工作室先后规范了全市从小学至高中的教学内容,建立了一所"信息技术教学教研基地学校",开展了城乡"教学教研联片实验"等卓有成效的工作,使信息技术教学教研有了长足的发展。

　　2014年年初,工作室又向湖北省教育科学研究院申请了"优化课堂教学过程,构建趣味编程创意课程"的省级课题,并于2014年9月正式立项。该课题以培养学生的计算机思维和逻辑程序的设计能力为研究方向,以激发学生学习信息技术课程的兴趣为出发点,不断探索并努力打造符合当前"校园创客"的课程。

　　在编写本书时,我们以主题活动为编写明线,以培养计算思维和逻辑思维为暗线,结合教学实际,对教学内容进行了改编。在活动主题的设计上,我们还根据儿童认知的心理特征,将教学内容进行了趣味化、游戏化的设计,以引导教师在教学的过程中渗透"以学生为中心"的教学理论。每课我们按照"我们的目标""我们的任务""我们的活动""我们的探索"四个环节进行编写。其中,"我们的目标"是让教师与学生明白本课的教学内容与方向;"我们的任务"是以舞台剧本的形式,呈现本课需要完成的设计任务;"我们的活动"是在让学生参与到活动中了解各种操作的同时,领悟逻辑程序的整体功能;"我们的探索"是在学生掌握了本课的教学内容后,对本课内容的提升与升华,以满足分层教学的需要。

　　在本书的编写过程中，我们得到了湖北省教育科学研究院王志兵老师的倾心指导与大力支持，得到了王小微、熊卜光以及黄理安三位老师的帮助与建议，在此表示感谢！此外，谢谢我的儿子肖晴晗，他对本书的程序做了认真的检验。最后，向支持和关心我市信息技术学科发展的各位领导和同行们一并表示衷心的感谢与诚挚的敬意！

　　当然，我们"年轻的"信息技术工作室，因为自身的业务水平与能力还处于刚起步阶段，仍有不少问题与困惑需要向大家学习，对此，我们也希望广大读者对本书提出宝贵的意见与建议。

湖北省仙桃市教育科学研究院　信息部主任　肖新国

2016 年 9 月

目 录
CONTENTS

初识 Scratch 软件 / 1

第 1 课 "翻跟斗"的小猫 ——认识 Scratch / 13

第 2 课 机器人跳舞 ——新建角色与背景 / 20

第 3 课 海边漫步 ——切换造型 / 28

第 4 课 小明的思考 ——链表的应用 / 31

第 5 课 会飞的巫婆 ——随机移动 / 36

第 6 课 穿越迷宫 ——动作控制与侦测 / 40

第 7 课 "聪明的"计算器 ——新建变量与应用 / 48

第 8 课 海底世界 ——角色的键盘控制 / 54

第 9 课 反弹球 ——改变坐标值控制角色移动 / 60

第 10 课 小猴接香蕉 ——利用碰撞侦测技术设计游戏 / 66

第 11 课 打地鼠(一) ——新建场景 / 74

第 12 课 打地鼠(二) ——程序的综合设计 / 81

第 13 课 打地鼠(三) ——添加计时与计数功能 / 86

第 14 课 "画"声 ——声音侦测与画图 / 91

附录 Scratch 2.0 指令及功能详解 / 96

初识 Scratch 软件

Scratch 是由美国麻省理工学院媒体实验室推出的一种利用图形化编程语言，能让我们自己动手，"创作和分享自己的交互故事、游戏、音乐和艺术"的应用软件。

Scratch 是一款免费软件，全世界很多国家的小朋友都在学习这款软件，让我们和他们一起共同学习、分享、交流自己的创意作品吧！

一、下载 Scratch 2.0 离线版软件

在浏览器地址栏中，输入网址 http://scratch.mit.edu，就可看到网站的首页。在首页下方选择语言为"简体中文"，首页就会呈现中文的页面，如图 0-1 所示。单击"帮助"进入 Scratch 帮助页面，如图 0-2 所示，单击 Scratch 2 Offline Editor，进入下载页面，如图 0-3 所示。

图 0-1　网站首页中文页面

Tips

也可以在网站首页下方"支持"栏目中选择"离线编辑器"，直接进入如图 0-3 所示的"下载页面"。

图 0-2　Scratch 帮助页面

①选择操作系统，安装Adobe AIR环境软件

②下载Scratch 2.0离线版软件

③获得帮助资源

图 0-3　Scratch 2.0 下载页面

针对相应的操作系统，下载并安装 Adobe AIR 环境软件。下载 Scratch 2.0 离线版软件，并获得帮助资源。

二、安装 Scratch 2.0 离线版软件

双击下载的文件，开始软件的安装，如图 0-4 所示。

安装结束后，Scratch 软件就可以正常启动并使用了。

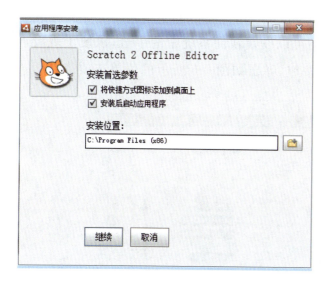

图 0-4　Scratch 软件安装提示窗口

也可以利用网站首页，加入"Scratch 社区"进入在线编辑器。

三、软件设置

1. 设置用户语言

在系统安装后，系统界面有时会以英文方式呈现，我们可以通过 按钮，将系统语言切换成"简体中文"，如图 0-5 所示。

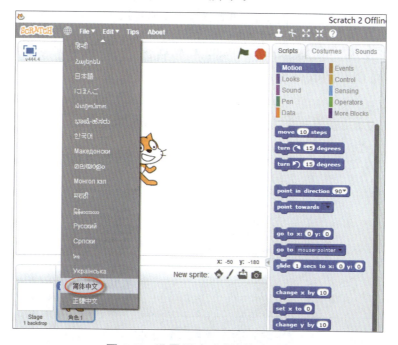

图 0-5　设置语言为"简体中文"

2. 设置界面字号大小

"简体中文"设置完成后，我们还可以设置软件系统中的字号，以便于观看，方便操作。按住 Shift 键并单击 ⊕ 按钮，弹出如图 0-6 所示的菜单选项。

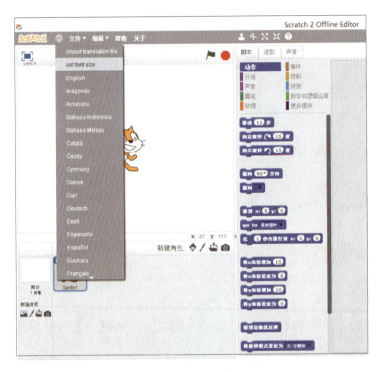

图 0-6　设置系统的字号大小

选择 Set font size 选项，在弹出的字号选项中，选择合适的字号大小，如图 0-7 所示，可以看到软件窗口的字号都会随之而改变。

图 0-7　选择字号大小

四、认识 Scratch 软件界面组成及功能

Scratch 软件的界面如图 0-8 所示。

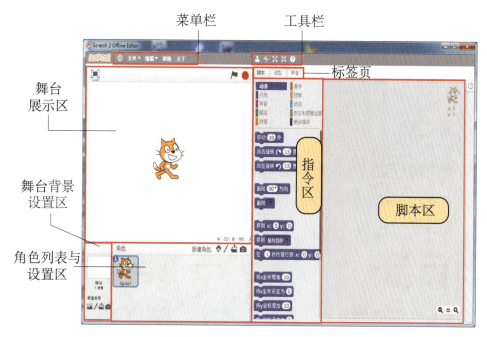

图 0-8　Scratch 软件界面

1. 菜单栏

菜单栏包含"语言"的设置,"文件"的新建、打开、保存、另存为、分享等选项,"编辑"的撤销删除、小舞台布局模式等选项。

2. 工具栏

可以通过工具栏中的工具改变角色的大小,图 0-9 中的 5 个按钮依次为复制、删除、放大、缩小以及功能块帮助。

图 0-9　工具栏

3. 指令区

指令区包含"脚本""造型"和"声音"三个标签页。其中脚本标签页中有动作、外观、声音、画笔、数据、事件、控制、侦测以及数字和逻辑运算九大常用模块,还有一个可用于新建模块的"更多模块"。每个模块包含若干个指令,如图 0-10 所示。可在"脚本"标签页中对某个角色编写脚本。在"造型"标签页中,可以新建角色造型或对已有造型进行修改,如图 0-11 所示。在"声音"标签页中,可以新建声音或进行其他设置,如图 0-12 所示。

4. 舞台背景设置区

通过"舞台背景设置区"中的按钮,可以对舞台的背景进行更换、绘制、导入等操作,如图 0-13 所示。

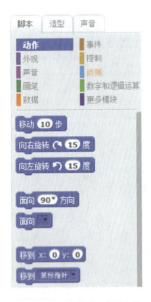

图 0-10 "脚本"标签页　　　　图 0-11 "造型"标签页

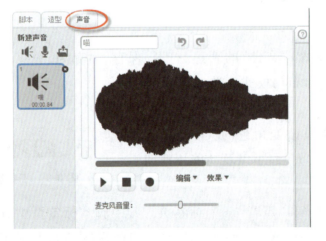

图 0-12 "声音"标签页　　　　图 0-13 舞台背景设置区

5. 角色列表与设置区

舞台中的所有角色,都可以通过角色列表与设置区进行新建、替换、删除、复制等操作,还可以通过重新选取、绘制、本地导入与拍照导入等方式产生新的角色,如图 0-14 所示。

图 0-14　角色列表与设置区

在"角色列表与设置区"中,通过单击图 0-14"小猫"角色左上角的  按钮,还会出现如图 0-15 所示的"当前角色"信息,包括坐标值、旋转模式等。

图 0-15　"当前角色"的坐标值、旋转模式等信息面板

6. 舞台展示区

"舞台展示区"是角色表演的地方,我们可以将编写好的程序,依托背景与角色进行展示。它的左上角的按钮,可以将舞台切换成全屏方式展示,它的右上角的两个按钮可以控制程序执行的开始与停止,如图 0-16 所示。

图 0-16　舞台展示区

五、利用 Scratch 网络版进行分享与合作

除了使用 Scratch 离线版设计程序外,我们还可以利用网络版分享自己的作品或获得世界各地人们的帮助。进入 Scratch 官方网站 http://scratch. mit. edu 后,首页上就会呈现如图 0-17 所示的导航栏。

1. 创建 Scratch 账号

虽然 Scratch 账号不是必需的,但是为了方便项目的合作和共享,建议大家

Scratch 趣味创意编程

创建 Scratch 账号，如图 0-18～图 0-21 所示。有了账号后，就可以将自己的作品保存到 Scratch 官网，还可以与其他用户交流或在线分享项目。

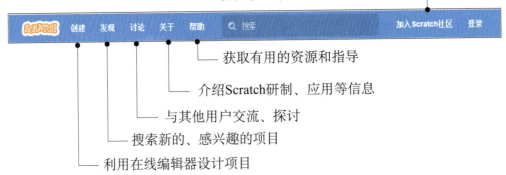

加入社区后，可以更好地交流

获取有用的资源和指导

介绍Scratch研制、应用等信息

与其他用户交流、探讨

搜索新的、感兴趣的项目

利用在线编辑器设计项目

图 0-17 导航栏

图 0-18 账号创建的第 1 步

图 0-19 账号创建的第 2 步

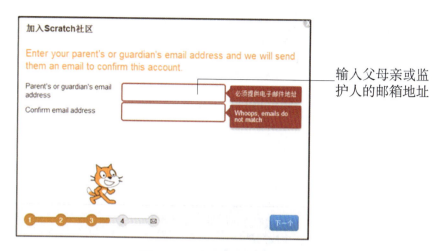

输入父母亲或监护人的邮箱地址

图 0-20　账号创建的第 3 步

图 0-21　成功创建账号

账号成功创建与登录后,网站首页的"导航栏"就有友好用户信息提示。

2. 利用网络版创建项目

请仔细对比网络版与离线版界面的区别,见图 0-22。利用网络版的编辑器,我们也可以如同离线版一样创作作品,赶紧试试吧!

在项目的创建过程中,我们还可以充分地发挥网络版的优势,可通过"发现"找到网上好的作品项目,如图 0-23 所示,还可以利用"书包"功能保存资源,以便自己开发作品时使用。

在网上"发现"的项目作品,可以单击"转到设计页"按钮对作品进行"再创作"与分析,如图 0-24 所示。

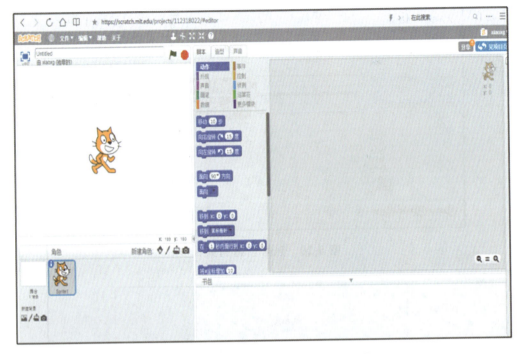

图 0-22　已登录用户的网络版编辑器界面

图 0-23　"发现"网上作品项目

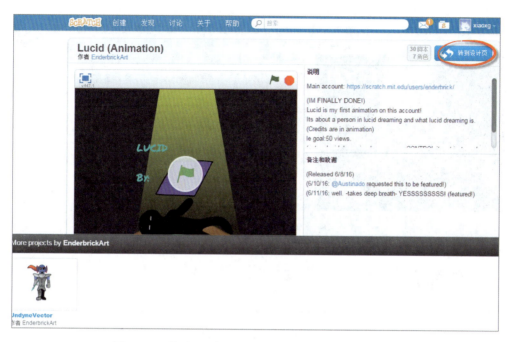

图 0-24　将发现的项目作品跳转到"项目页"创作

跳转到"项目页"后,我们就可以对项目作品的舞台、角色、脚本程序以及程序效果进行"再创作";并且可以利用"书包"功能将自己感兴趣的舞台、角色或脚本程序进行"引用",从而真正地实现了"分享"的目的,如图 0-25 和图 0-26 所示。

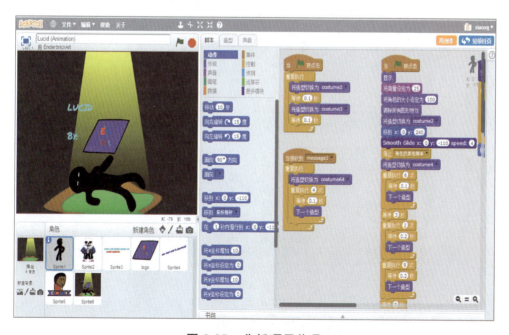

图 0-25　分析项目作品

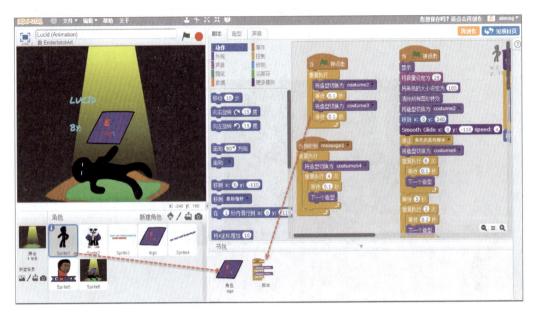

图 0-26　利用"书包"功能保存项目资源

　　"书包"功能保存的资源,存储在 Scratch 的远端服务器中,这些资源不会随着用户的退出或网页的关闭而被删除,只要我们登录网站,就可以看到自己"书包"中保存的资源。

第1课

"翻跟斗"的小猫
——认识 Scratch

嗨,大家好! 我是大家的新朋友——小猫。我能够听懂很多指令,表演很多节目,"翻跟斗"就是其中的一项,不信,就来看看我的身手吧!

一、我们的目标

(1)了解 Scratch 2.0 软件的窗口界面与作用。

(2)知道设计与编辑程序的方法。

(3)了解优化程序的简单方法。

二、我们的任务

1. 剧本设计

> **主题:**"翻跟斗"的小猫
>
> **舞台:**空白的舞台
>
> **角色:**小猫
>
> **故事:**高兴的小猫在连续地翻着"跟斗"蹦跳,如图 1-1 所示。

2. 程序设计

设计思路		指　　令	程　　序
点击"绿旗"执行程序		当 🚩 被点击	当 🚩 被点击
翻跟斗	先直线行走	移动 10 步	重复执行 移动 10 步 向右旋转 ↻ 2 度 碰到边缘就反弹
	再进行旋转	向右旋转 ↻ 2 度	
"连续"翻转		重复执行	

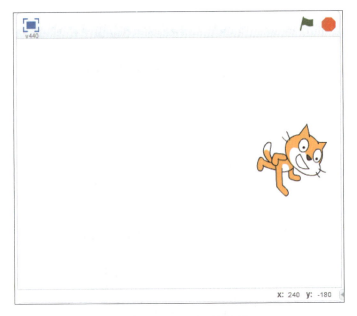

图 1-1 "翻跟斗"的小猫

三、我们的活动

1. 认识 Scratch 软件界面

双击桌面上的 图标，启动 Scratch 2.0 程序，软件界面布局如图 1-2 所示。

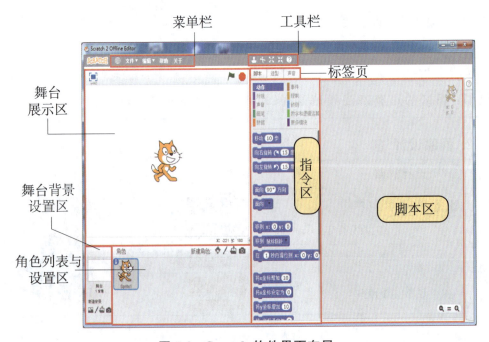

图 1-2 Scratch 软件界面布局

Tips

如果 Scratch 软件是英文版,我们可以利用菜单栏中的 ⊕ 按钮,将语言设置成"简体中文"。

2. 搭建程序

(1)新建项目文件。在开始进行程序设计前,我们首先要新建项目文件。执行"文件"→"新建项目"命令,如图 1-3 所示。

①单击"文件"

②选择"新建项目"

图 1-3　新建项目文件

(2)拖放指令。为了让"当前角色"小猫能够完成"翻跟斗"的任务,我们需要将指令像"摆积木"一样进行摆放,如图 1-4 和图 1-5 所示。

①单击"脚本"标签

②单击"事件"模块

③将需要的指令拖放到脚本区

图 1-4　将"绿旗"开始指令拖放到脚本区

①单击"动作"模块

②依次将脚本块拖放到脚本区

④单击指令,调试程序脚本

③双击参数控件,修改参数

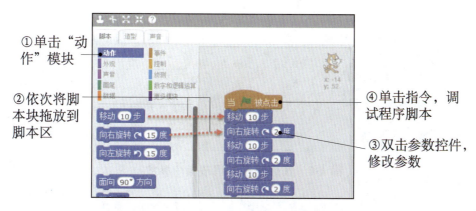

图 1-5　在脚本区设计程序

Tips

在程序的搭建过程中,我们可以单击脚本区中的程序指令来调试程序,并可以观察舞台展示区中小猫角色执行的效果。

（3）优化程序。"简洁、高效"是程序设计的基本原则。在一段程序中,如果出现连续相同的指令,我们就可以利用"控制"模块中的重复指令进行优化,如图 1-6 和图 1-7 所示。

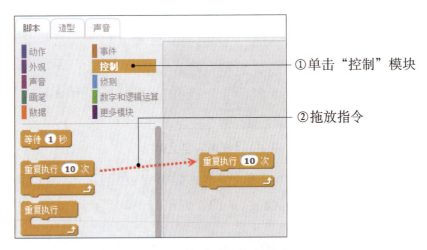

图 1-6　拖放重复执行指令

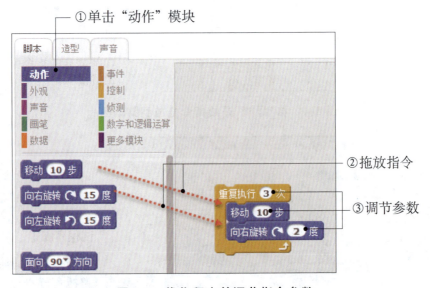

图 1-7　优化程序并调节指令参数

Tips

为了实现角色小猫"连续"翻跟斗的效果,我们可以利用无限重复指令

重复执行 加以实现。

（4）调试程序。通过舞台展示区右上角的开始按钮 ▶ 和结束按钮 ●,
可以控制程序的开始与停止,如图 1-8 所示。

全屏显示　　　　启动　　停止

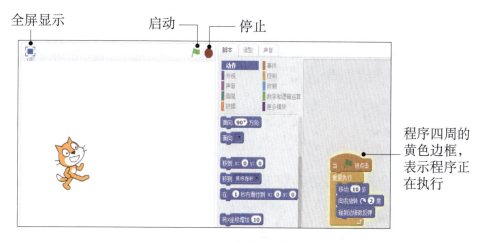

程序四周的
黄色边框,
表示程序正
在执行

图 1-8　调试程序

（5）删除指令。在调试程序的过程中,我们还可以删除错误或不正确的指
令,如图 1-9 所示。

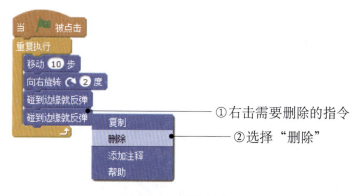

①右击需要删除的指令

②选择"删除"

图 1-9　删除指令

Tips

删除指令还有另外两种方法:①将多余的指令与程序分开后利用"工具栏"
中的 ✂ 按钮删除指令;②直接将多余的指令拖回指令区。

3. 保存与分享文件

在程序设计的过程中或完成后，我们还可以将文件保存到本地或分享到网站上。执行"文件"→"保存"命令，弹出如图 1-10 所示的"保存项目"对话框。

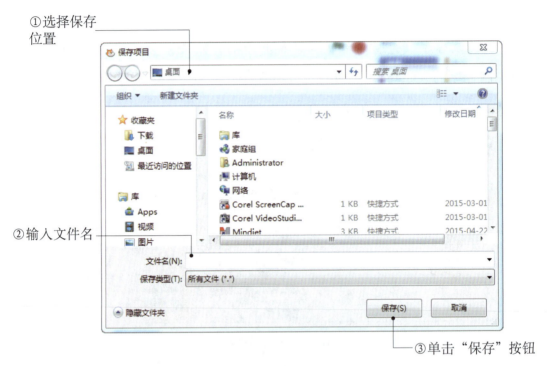

图 1-10　保存文件

保存在本地的文件，我们也可以分享到 http://scratch.mit.edu 网站上。

四、我们的探索

（1）如果不断地调整程序中指令参数的数值大小，那么"小猫"角色的运动方式会有哪些变化？

（2）可否通过添加指令的方式，使"小猫"角色的运动方式更加多样？

本课知识导图

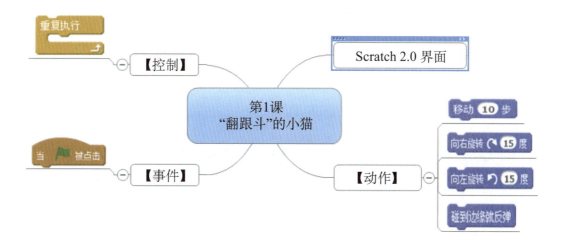

第2课

机器人跳舞
——新建角色与背景

炫目的灯光、强劲的音乐、华丽的舞台,机器人在舞台上激情四射地舞动着。这是我们设计的机器人在表演节目呢,赶紧动手设计吧!

一、我们的目标

（1）学习掌握导入角色、背景、音乐的方法。
（2）知道循环结构。

二、我们的任务

1. 剧本设计

主题：跳舞的机器人

舞台：舞蹈室

角色：机器人

故事：机器人在激情的音乐伴奏下,欢快地跳舞,如图 2-1 所示。

图 2-1　机器人跳舞

2. 程序设计

（1）背景音乐

设计思路	指　令	程　序
点击"绿旗"执行程序	当 🚩 被点击	当 🚩 被点击 重复执行 　播放声音 drum machine ▾ 直到播放完毕
播放背景音乐	播放声音 drum machine ▾ 直到播放完毕	
持续播放	重复执行	

（2）角色舞蹈

设计思路	指　令	程　序
点击"绿旗"执行程序	当 🚩 被点击	当 🚩 被点击 重复执行 　移动 10 步 　碰到边缘就反弹
直线行走	移动 10 步	
"连续"翻转	重复执行	

三、我们的活动

执行"文件"→"新建项目"命令，新建项目文件。

1. 添加新背景

如图 2-2 所示，单击舞台背景设置区中的"从背景库中选择背景"按钮 🖼，打开"背景库"窗口，选择"音乐和舞蹈"主题中的 party room 图片作为背景，如图 2-3 所示。

另外一种调用"背景库"窗口的方法，如图 2-4 所示。

使用"背景"标签，可以对舞台展示区的背景图片进行管理和编辑。

单击此按钮

图 2-2 单击"从背景库中选择背景"按钮

①选择"音乐和舞蹈"主题

②单击图片缩略图

③单击"确定"按钮

图 2-3 从背景库中选择背景

③单击此按钮 ②选择"背景"标签

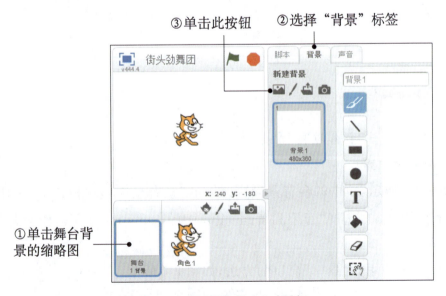

①单击舞台背景的缩略图

图 2-4 调出"背景库"对话框

我们也可选择自己喜欢的图片，作为舞台背景。

2. 新建角色

如图 2-5 所示，单击角色列表与设置区中的"从角色库中选取角色"按钮 ，打开"角色库"窗口，选择"太空"主题中的 Robot1 角色。

单击此按钮

图 2-5　从角色库中选取角色

在 按钮组中，我们也可以通过其他三个按钮新建角色。使用按钮 可以利用系统的绘图编辑器绘制新的造型。使用按钮 可以从本地文件中上传角色。使用按钮 可以拍摄照片当作角色。

角色导入后，新的角色会出现在角色列表与设置区，当有两个或两个以上的角色时，只有一个角色带有蓝色方边框，称为"当前角色"，如图 2-6 所示。单击角色左上角的 按钮，可以设置或查看"当前角色"的信息，如图 2-7 所示。

图 2-6　当前角色

③单击该图标可以关闭信息窗口

①为角色命名

②设置行走和旋转模式

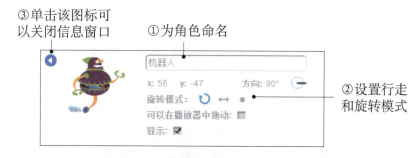

图 2-7　设置或查看"当前角色"

　　角色出现在舞台上后,我们可以用鼠标将角色拖放至合适的位置;还可以利用"光标工具栏"中的放大 ✛ 或缩小按钮 ✛ 调整角色的大小。

3. 删除小猫角色

　　单击"光标工具栏"上的删除按钮 ✂,这时光标就会变成一把小剪刀,单击舞台上的小猫角色对象,就可以删除该角色,如图 2-8 所示。

②单击小猫
删除该角色

①单击"删除"按钮

图 2-8　删除默认角色小猫

　　用"剪刀"在"角色列表与设置区"的角色上单击,也可以删除角色。删除时一定小心,如果误删除了,可以使用"菜单栏"的"编辑"菜单中的"撤销删除"命令撤销一次。

　　当小猫角色被删除后,"角色列表与设置区"中机器人角色被选中,此时机器人角色就变成了"当前角色",我们就能对当前角色编写程序了。

4. 删除默认背景

　　新的舞台背景导入后,可以将原有的默认白色背景删除,如图 2-9 所示。

5. 添加背景音乐

　　在指令区的"声音"标签中,单击"从声音库中选取声音"按钮 🔊,就可以从

"声音库"中选择自己喜欢的音乐。这里选择"循环音乐"类别中的 drum machine 音乐,如图 2-10 和图 2-11 所示。

图 2-9　删除默认的白色舞台背景

图 2-10　单击"从声音库中选取声音"按钮

图 2-11　从声音库中选取声音

Tips

声音文件导入后，才能够被程序脚本中的指令调用。在按钮组 中还可以录制声音或上传本地的声音。

6. 搭建程序脚本

为了实现“机器人”角色一边播放背景音乐一边跳舞的效果，我们需要为角色设计两段程序，如图 2-12 和图 2-13 所示。想一想，两段程序是否可以合并为一段程序？

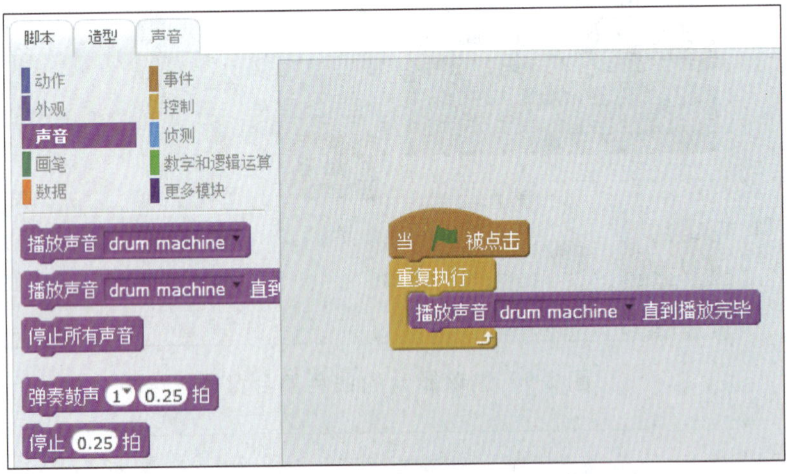

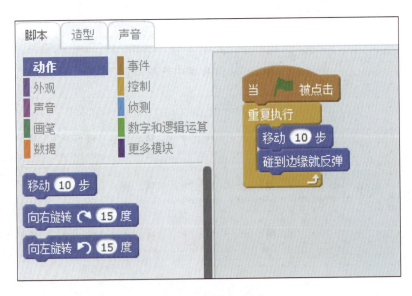

图 2-12　连续播放背景音乐程序

图 2-13　跳舞程序

Tips

为了使机器人角色保持"水平方式"运动,我们可以在角色信息中将旋转模式改为 ⟷ (水平方式)。

从图 2-12 和图 2-13 中我们可以看到,要实现一边播放音乐一边跳舞的功能,需要在同时执行的功能模块上各放一个 当 ▶ 被点击 的积木块。

为了让程序有理想的效果,我们可以不断地对程序进行修改与调试。同时,也不要忘记保存并分享程序哦!

四、我们的探索

(1)在欢快的背景音乐的配合下,如何让机器人"外衣"的颜色不断变化?

(2)机器人变化的方式是否可以更加多样呢?如左右移动时翻跟斗、上下跳动等。

(3)是否可以让背景不时变换而更加"绚丽"?

本课知识导图

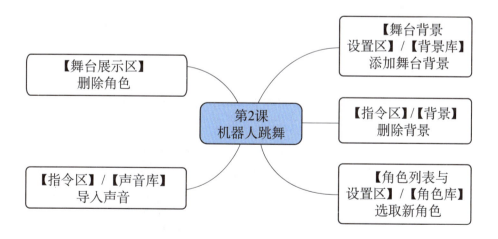

第3课

海边漫步
——切换造型

清晨或日暮时分,在蔚蓝的海边,惠风和畅听涛声,天朗气清赏流云,多么美丽的一幅画卷啊!让我们一起来设计"海边散步"的美好画卷吧。

一、我们的目标

(1)学习掌握利用"造型"添加或新建角色造型。

(2)学习利用外观模块,切换角色的造型。

二、我们的任务

1. 剧本设计

主题:海边漫步

舞台:宁静的海边

角色:小明

故事:在蔚蓝的海边,怀着愉悦的心情,欢乐地漫步,如图 3-1 所示。

图 3-1　海边漫步

2. 程序设计

设计思路	指　令	程　序
移动	移动 10 步 / 等待 0.2 秒	当 ▶ 被点击 重复执行 移动 10 步 等待 0.2 秒 下一个造型 碰到边缘就反弹
行走	下一个造型	

三、我们的活动

1. 新建背景

好的舞台背景,可以对演出起到很好的烘托与渲染效果。从"背景库"中选择"户外"类别中的 boardwalk 图片,作为新的舞台背景。

我们还可以将系统默认的白色背景删除。

2. 添加角色

为了让角色的行走效果更加流畅、逼真,我们可以单击"角色库"的"人物"类别中的 jaime walking 图片,作为新角色,重命名为"小明"。单击"造型"标签就可以看到该角色的五个单独造型,如图 3-2 所示。

通过观察我们可以发现,其实角色"连续行走"就是由这五个单独的动作造型实现的,这也是动画的生成原理。那么,我们如何让角色连续地行走起来呢?

3. 搭建程序

拖放指令到指令区,并且为角色编写程序指令,如图 3-3 所示,连续切换五个造型就可以让男孩"行走"起来。

别忘了,还需要将角色的旋转模式设置为"水平方式"哦!

为了让程序有理想的效果,我们可以不断地对程序进行修改与调试。同时,也不要忘记保存并分享程序哦!

单击"造型"标签

图 3-2　观察角色行走造型

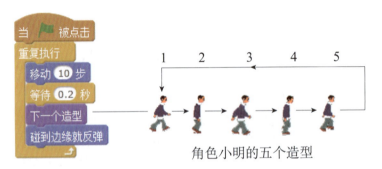

角色小明的五个造型

图 3-3　搭建人物"行走"的程序

四、我们的探索

试一试,其他的角色也有这样连续的造型吗?

本课知识导图

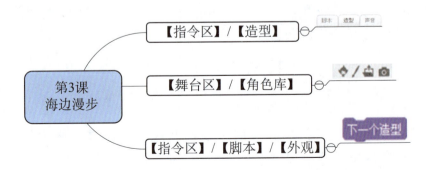

第4课

小明的思考
——链表的应用

周末了,小明犹豫着,去游乐场玩? 回家做作业? 去图书馆看书? ……为了将这一过程表现出来,我们来做一个情景剧——《小明的思考》。

一、我们的目标

(1)理解"链表"的新建与使用方法。
(2)学习掌握指令组合的用法。

二、我们的任务

1. 剧本设计

主题:小明的思考

舞台:海边

角色:小明

故事:小明一边走一边思考,到游乐场玩? 回家做作业? 去图书馆看书?
如图 4-1 所示。

图 4-1　小明的思考

2. 程序设计

设计思路	指令说明	程　序
一边行走一边思考	"并行"执行	
思考内容的存放	新建链表 将 thing 加到链表 思考内容▼ 末尾	如图 4-2 和图 4-3 所示
随机出现思考内容	思考 item 随机▼ of 思考内容▼ 2 秒	

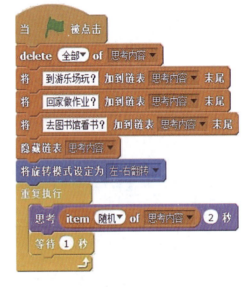

图 4-2 "行走"程序　　　　图 4-3 "思考"程序

三、我们的活动

在《海边漫步》活动中，我们设计了小明在海边漫步的情景，本次活动我们要加入小明行走时的思考过程。

1. 给角色添加思考内容

"小明"角色建好后，为了存放小明思考的内容，我们还要新建链表。单击指令区/脚本/数据/ 新建链表 指令，弹出"新建链表"对话框，如图 4-4 所示。

输入链表名称并单击"确定"按钮，我们就可以观察到展示区和指令区中出现了变化，如图 4-5 所示。

图 4-4　新建链表

图 4-5　新建链表后的窗口

这时，就可以将"小明"思考的内容加到链表中，如图 4-6 所示。

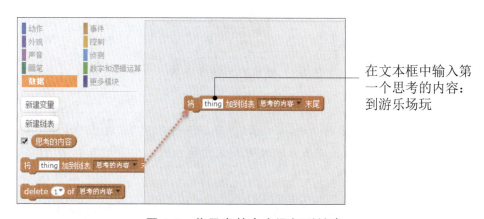

图 4-6　将思考的内容添加到链表

以此类推，我们通过同样的方法为"小明"继续添加第二个、第三个思考内容，即回家做作业、去图书馆看书，如图 4-7 所示。

Scratch 趣味创意编程

图 4-7　向链表添加思考内容后的窗口

2. 随机显示思考的内容

思考的内容添加到链表后,要想在程序中将这些内容随机地呈现出来,我们可以利用"数据"模块中的 item 1▼ of 思考的内容▼ 指令与"外观"模块中的 思考 Hmm... 2 秒 指令,形成组合指令来实现,如图 4-8 所示。

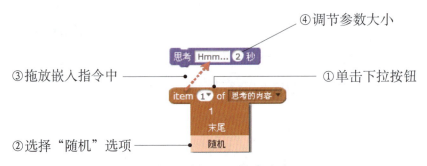

图 4-8　随机显示链表内容

> **Tips**
>
> item 1▼ of 思考的内容▼ 指令中,item 是"项目、条"的意思。在这里是指链表"思考的内容"的第几条,item 后面的下拉列表就需要我们指定是链表的第"1"条,"末尾"条,还是"随机"条。

为了实现不断地重复显示思考的内容,就需要让链表中的项目能够不断地随机显示,如图 4-9 所示。完整的程序可参考图 4-3。

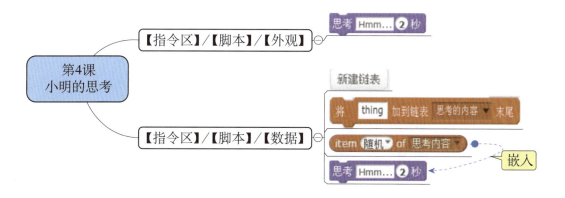

图 4-9　显示随机思考的组合指令

四、我们的探索

如果需要配上背景音乐或自言自语的效果,我们还可以对程序进行怎样的修改?

本课知识导图

会飞的巫婆
——随机移动

在《哈利·波特》系列电影中,有一位巫婆,骑着神奇的扫把,飞行诡异,让我们痛恨不已! 是不是想知道"她"是如何神秘飞行的? 那就让我们来探究一下吧!

一、我们的目标

(1)能够根据故事情节的需要,选择合适的背景与角色。
(2)理解"随机数"指令的应用条件与方式。

二、我们的任务

1. 剧本设计

> **主题**:会飞的巫婆
>
> **舞台**:树林
>
> **角色**:巫婆
>
> **故事**:傍晚,一位巫婆"骑"着一把神奇的扫把,在一片阴森的树林里诡异地
> 飞行着,时而上,时而下,如图 5-1 所示。

图 5-1 会飞的巫婆

2. 程序设计

设计思路	指　令	程　序
点击"绿旗"执行程序	当 🚩 被点击	如图 5-2 所示
诡异飞行	移动 10 步 移到 x: 0 y: 0 在 1 到 10 间随机选一个数	
"连续"飞行	重复执行	

图 5-2　"会飞的巫婆"程序

三、我们的活动

1. 新建背景

从"背景库"的"全部"类别中选择 woods 图片,作为舞台的背景。系统默认的白色背景可以删除。

2. 新建角色

从"角色库"的"人物"类别中选择 Witch 巫婆图片,作为新的角色。同时,将系统默认的小猫角色删除。

3. 探究"随意飞行"现象

通过对剧本中故事情节的分析,如何实现"巫婆"角色的诡异飞行呢？如图 5-3 所示。为了实现巫婆角色的"诡异飞行"效果,我们还需要知道一个新的名词——随机数,即在规定的范围内毫无规律地出现的一组数字。如在 1～10

自然数中,任意想象一串毫无规律的数字,这些数就是随机数。

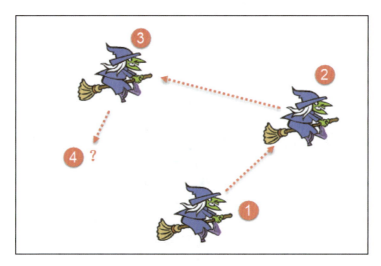

图 5-3 探索巫婆的飞行路线

在 Scratch 中,"数字和逻辑运算"模块中的 在 1 到 10 间随机选一个数 指令就能够产生随机数。如果将 移到 x: 0 y: 0 指令中的 x、y 参数与随机数指令组合,就可以实现"巫婆"角色"随机"移动到屏幕的任意地方。

在此之前,我们还需要了解一下屏幕的 x、y 坐标知识,为了便于观察,可以将"背景库"中的 xy-grid 图片作为舞台背景,如图 5-4 所示。仔细观察或移动鼠标指针,将舞台展示区中 A、B 两点 x、y 的坐标值填写在方框中。

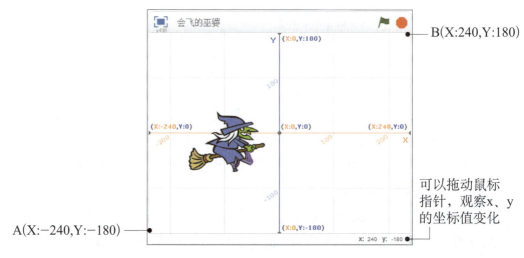

图 5-4 舞台展示区的坐标值

Tips

　　在一个文件中,有两个或两个以上的舞台背景时,我们可以通过"指令区"的"背景"标签来选择其中的一个作为"当前背景"。

　　在编写程序脚本的过程中,我们可以参考如图 5-2 所示的范例。其实,要实现"随机"飞行的效果,我们还可以不断地进行个性化的创意与设计。

　　为了让程序有理想的效果,我们可以不断地对程序进行修改与调试。同时,也不要忘记对程序的保存与分享哦!

四、我们的探索

　　(1)在"随意飞行"动画的实现上,是否有更多的创意之处?如随机的旋转、角色大小的随机变换、位置的随机移动等。

　　(2)为了做出动画片的效果,是否可以在程序脚本中实现两个舞台背景相互切换的效果?

本课知识导图

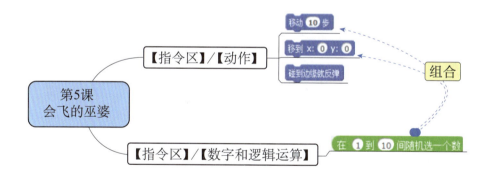

穿越迷宫
——动作控制与侦测

"走迷宫"的游戏可能有不少同学体验过吧？那望不到出口的路径,让我们在一次次碰壁的过程中,增添了对出口的更多期待,也给我们带来了意想不到的欢乐与愉悦。

一、我们的目标

（1）利用绘制新背景的方法,设计一个"迷宫"场景。

（2）通过动作模块"面向"指令,控制角色的移动方向。

（3）利用侦测模块、控制模块,判断角色的执行逻辑过程。

二、我们的任务

1. 剧本设计

主题：穿越迷宫

舞台：自己创意设计的迷宫

角色：小猫

故事：一只小猫想要穿越一段"有趣的迷宫",鼠标指针指引着他前进;一不小心,他碰到了迷宫的边缘,因违规他就直接返回到起点(起点坐标为 X：−214,Y：148);当他碰到了终点的"黑块",游戏就显示"过关",如图 6-1 所示。

图 6-1　穿越迷宫

2. 程序设计

设计思路	指　令	程　序
角色"小猫"要面向鼠标指针移动	面向 鼠标指针▼	当 🚩 被点击 重复执行 移动 2 步 碰到边缘就反弹 面向 鼠标指针▼ 如果 碰到颜色 □ ? 那么 移到 x: -214 y: 148 如果 碰到颜色 ■ ? 那么 说 过关! 2 秒 停止 全部▼
碰到"迷宫"的边缘"白色"返回起点；设置起点坐标	如果 碰到颜色 □ ? 那么	
	移到 x: -214 y: 148	
碰到终点的"黑块"，显示"过关"，停止运行	如果 碰到颜色 ■ ? 那么	
	说 过关! 2 秒	
	停止 全部▼	

三、我们的活动

1. 绘制"迷宫"背景舞台

在绘制"迷宫"背景舞台时，为了加强游戏的趣味性，我们还可以设计个性的"迷宫"。

（1）新建背景。单击"绘制新背景"按钮，如图 6-2 所示。单击按钮后，就会弹出绘制新背景的窗口，如图 6-3 所示。

图 6-2　启动绘图编辑器

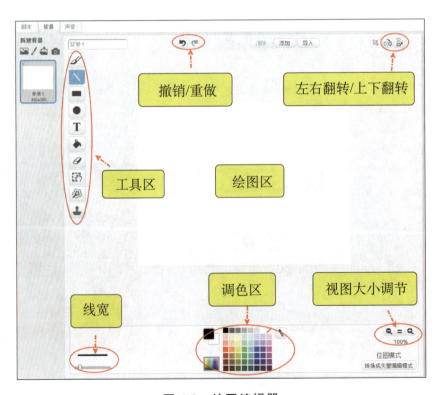

图 6-3　绘图编辑器

（2）绘制"迷宫"背景。在背景编辑区,即图 6-3 的绘图区中可以设计自己的迷宫背景,如图 6-4 和图 6-5 所示。

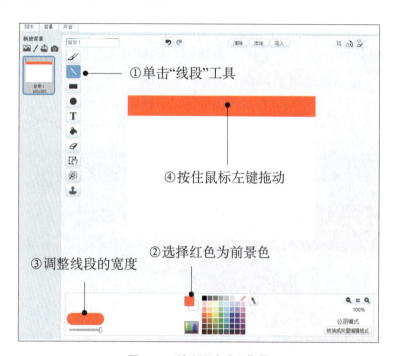

图 6-4　绘制"迷宫"背景

在"绘图区"中绘制

图 6-5　设计的"Z 字形"迷宫

（3）调整角色大小。为了让小猫能够"从容"地在"迷宫"中"行走",我们还需要对小猫的大小做适当的调整,如图 6-6 所示。

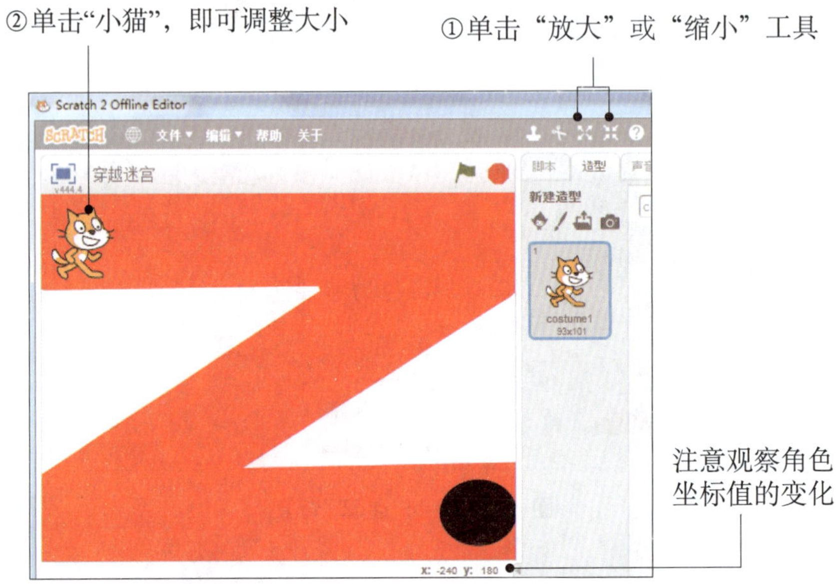

②单击"小猫",即可调整大小　　　　①单击"放大"或"缩小"工具

注意观察角色坐标值的变化

图 6-6　角色大小的调整

2. 设置"小猫"角色的起点坐标

用鼠标拖动"小猫"至迷宫的起点,并且观察"舞台展示区"右下角 x、y 坐标的值,就可以得知角色的起点位置,我们就以 X:−214,Y:148 坐标为起点。

3. 搭建程序

通过本课的剧本分析,我们可以发现游戏的规则:①"小猫"角色跟随鼠标指针"行走";②在"行走"的过程中,若碰到迷宫边缘的"白色"区域就会返回到起点;③当碰到终点的"黑色",就显示"过关"字样。

规则一:让小猫跟随鼠标指针移动。我们可以利用"指令区"的"动作"模块中的 面向 指令来实现,如图 6-7 所示。

规则二:如果小猫碰到"迷宫"外"白色"边界,那么就返回到起点位置,如图 6-8 所示。

如何拾取"侦测"指令 碰到颜色 ■ ? 方块中所需的颜色,如图 6-9 所示。

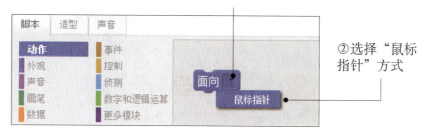

图 6-7 角色的移动方式

图 6-8 角色移动的规则

图 6-9 颜色块的设置

规则三：当碰到终点的"黑色"，就显示"过关"，如图 6-10 所示。

①用"侦测"指令设置颜色块为"黑色"

②"外观"指令

如果 碰到颜色 ■ ？ 那么
说 过关! 2 秒
停止 全部 ▾

③"控制"指令

图 6-10　"迷宫"过关条件设置

程序搭建完成后，如图 6-11 所示。我们还可以不断地调整参数，让程序更加完善。也不要忘记对程序的保存与分享哦！

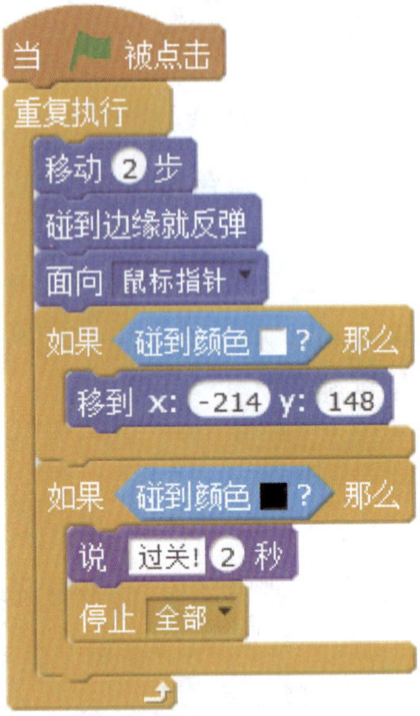

当 ▶ 被点击
重复执行
　移动 2 步
　碰到边缘就反弹
　面向 鼠标指针 ▾
　如果 碰到颜色 □ ？ 那么
　　移到 x: -214 y: 148
　如果 碰到颜色 ■ ？ 那么
　　说 过关! 2 秒
　　停止 全部 ▾

图 6-11　"穿越迷宫"的程序指令

四、我们的探索

如果我们更换角色或改变"迷宫"的形状，让我们的作品更有趣、更有个性，我们还需要对程序进行哪些方面的修改？

本课知识导图

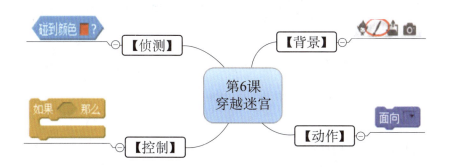

第7课

"聪明的"计算器

——新建变量与应用

我们都知道,三角形的面积计算公式为:底×高÷2。当我们知道三角形的底与高的值后,就可以计算出面积大小了。其实,我们也能够设计出一个自动计算三角形面积值的程序,不信就来试试吧!

一、我们的目标

(1)理解利用"变量"的新建与使用方法。
(2)能够根据任务的需要,合理地组合与应用变量。

二、我们的任务

1. 剧本设计

主题:三角形的面积计算

舞台:选择或设计自己喜爱的背景

剧本:任意输入或利用滑块的方式,产生三角形的底与高的值后;程序就能
够自动地计算出该三角形的面积值,如图7-1所示。

2. 程序分析

设计思路	指　令	程　序
输入底与高的值	新建变量	
计算三角形的面积		

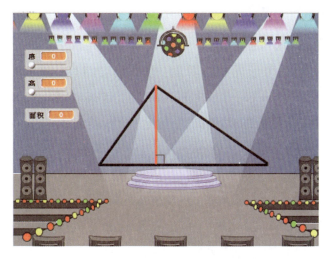

图 7-1　"聪明的"计算器

三、我们的活动

1. 新建背景

在"背景库"的"室内"类型中,选择 spotlight-stage 图片,或选择自己喜欢的图片,作为舞台背景。利用背景绘图功能,绘制一个带有高的三角形,如图 7-2 所示。

图 7-2　绘制三角形

2. 删除角色

本次活动,我们不需要任何角色,所以可将系统默认的小猫角色删除。

3. 新建变量

（1）建立三角形"底"的变量

仔细观察下面的三角形面积计算题，想一想它们有什么特点。

$(10 \times 6) \div 2 = ?$ $(96 \times 92) \div 2 = ?$ $(86 \times 76) \div 2 = ?$

在这些算式中，三角形的底和高是变化的数，就称为变量；而算式中的"2"是一个固定的值，就称为常量。在 Scratch 中，我们建立变量后，就可以引用了。

单击脚本区"数据"模块中的"新建变量"按钮，就会弹出如图 7-3 所示的窗口。

图 7-3 新建三角形"底"的变量

三角形"底"变量建立后，在"指令区"与"舞台展示区"就会出现如图 7-4 所示的变化。

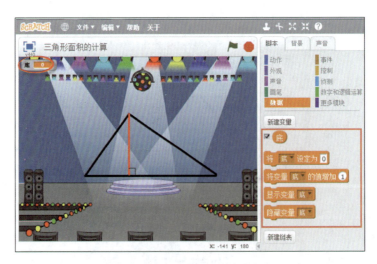

图 7-4 建立三角形的"底"变量

当三角形的"底"变量新建好后，我们还可以为这个变量建立可供调节参数大小的"滑杆"，这样可以减少键盘的输入次数，如图 7-5 所示。

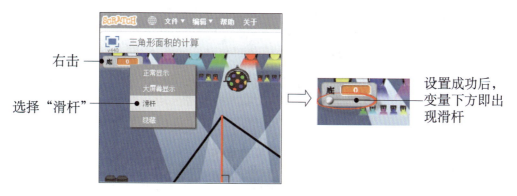

图 7-5　为变量"底"设置滑杆

> **Tips**
> 当然,滑杆设置成功后,我们还可以利用菜单中的"正常显示""大屏幕显示"
> "设置滑块的最大值和最小值""隐藏"选项来进行其他方面的设置。

（2）建立三角形"高"和"面积"变量

依照建立三角形"底"变量的方法,同样也可以建立三角形的"高"与"面积"变量。在建立三角形"面积"变量时,因为只需要输出计算的结果,所以就不需要为该变量建立滑杆。三个变量建立后,"舞台区"如图 7-6 所示。

图 7-6　建立"底""高""面积"变量

4. 搭建"聪明的"计算程序

如果要使程序具有"聪明的计算能力",我们还需要利用"数字与逻辑计算"模块中的指令组合才能实现,如图 7-7 所示。

其中,组合指令的过程如图 7-8 和图 7-9 所示。

图 7-7　搭建程序

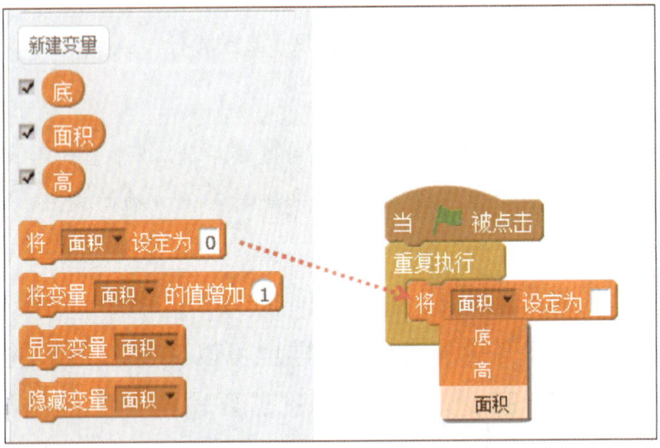

图 7-8　选定变量名称

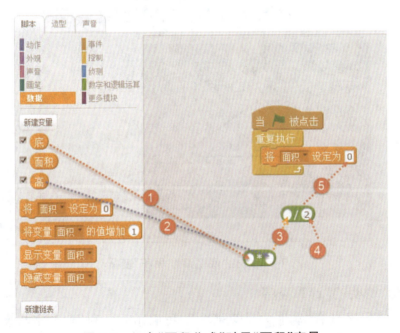

图 7-9　组合"面积公式"赋予"面积"变量

仔细体会一下"面积"组合指令的作用。

为了让程序有理想的效果,我们可以不断地对程序进行修改与调试。同时,也不要忘记对程序进行保存与分享哦!

四、我们的探索

仿照本次活动,可否自己设计出梯形面积计算、圆的周长与面积计算等用公式求值的计算器?

本课知识导图

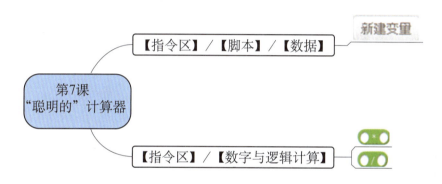

海底世界

——角色的键盘控制

在自然界中存在着基本的食物链关系,如树林里,虫儿是小鸟的食物;大海中,小鱼是鲨鱼的食物……现在我们来制作一个"鲨鱼捕食小鱼"的游戏吧!

一、我们的目标

(1)学习利用键盘控制角色的方法。

(2)理解外观模块"隐藏"指令在游戏中的作用。

二、我们的任务

1. 剧本设计

主题：海底世界

舞台：海底

故事：一条小鱼在海底"自由自在"地游玩着,一只凶恶的大鲨鱼在键盘控制下向小鱼猛扑过来,张开大嘴,吃掉了小鱼;不一会儿,又出现一条小鱼……如图 8-1 所示。

图 8-1　海底世界

2. 程序设计

(1) 小鱼角色程序分析

设计思路	指　令	程　序
自由自在地"游玩"	重复执行	如图 8-5 所示
鲨鱼吃掉了小鱼	隐藏	
又出现一条小鱼	移到 x: 0 y: 0 在 1 到 10 间随机选一个数 显示	

(2) 大鲨鱼游动程序分析

设计思路	指　令	程　序
键盘控制 鲨鱼向左游动	当按下 空格键 将旋转模式设定为 左-右翻转	当按下 左移键 将x坐标增加 -10 碰到边缘就反弹 将旋转模式设定为 左-右翻转

(3) 大鲨鱼"吃"小鱼程序分析

设计思路	指　令	程　序
鲨鱼始终出现在舞台最前面	移至最上层	重复执行 移至最上层 如果 碰到 小鱼1 ? 那么 面向 小鱼1 下一个造型 等待 0.2 秒 下一个造型 等待 0.2 秒 将造型切换为 shark-c
判断遇到小鱼	如果 碰到 小鱼1 ? 那么	
鲨鱼碰到小鱼	面向 小鱼1	
张开嘴吃鱼	下一个造型 将造型切换为 shark-c	

三、我们的活动

1. 新建背景

从"背景库"中选择"自然"主题中的 underwater3 图片作为舞台的新背景，然后删除原有的空白背景。

2. 添加角色

在添加新角色前，可以先把默认角色小猫删除。我们再从"角色库"的"水下"分类中选取两个角色添加到舞台作为新角色。它们分别是：shark（大鲨鱼）、fish2（小鱼 1）。

为了让角色与舞台更加协调，我们可以通过舞台展示区 ⬚⬚ 按钮来调节角色大小。也可以拖动控制柄来调整角色的大小，如图 8-2 所示。

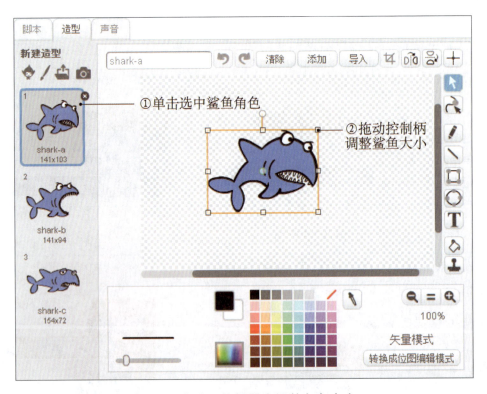

图 8-2　在绘图编辑器中调整角色大小

3. 搭建程序

如果要实现故事的效果，通过对剧本的分析，我们发现鲨鱼与小鱼应该有三个动作：①鲨鱼在键盘的控制下"游动"；②鲨鱼碰到小鱼要张嘴"吃"；③小鱼被吃后消失，等待后在另外一个地方又出现一条小鱼。

（1）设计鲨鱼程序

键盘控制鲨鱼的游动方向。如何实现键盘控制大鲨鱼灵活地向上、下、左、右四个方向移动呢？这里可以用"当按下左移键"将鲨鱼水平向左移动 10 步，"当按下上移键"将鲨鱼垂直向上移动 10 步，程序如图 8-3 所示。

图 8-3　利用光标键控制鲨鱼角色移动

想一想：若要鲨鱼向右、向下移动，程序又该如何设计呢？

鲨鱼"吃"小鱼的动作。要想实现鲨鱼张嘴"吃"小鱼的动作，那鲨鱼的嘴应该始终 面向 小鱼1 ，并且在"吃"掉小鱼后，再"将造型切换为"觅食的"闭嘴"状态。程序设计可参考图 8-4。

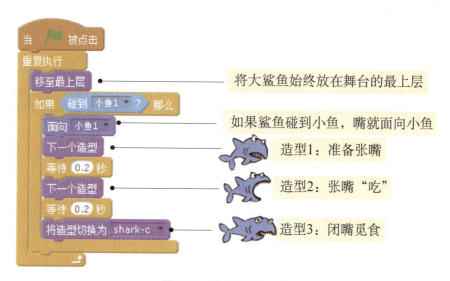

图 8-4　鲨鱼"吃"小鱼

（2）设计小鱼程序

小鱼在自由自在地"游玩"。要想实现这一效果，我们可以利用第 5 课已经学习过的 移到 x: 0 y: 0 和 在 1 到 10 间随机选一个数 两个指令进行组合。

具体程序可参考图 8-5。

① 用 移动 2 步 、碰到边缘就反弹 和 重复执行 让小鱼不断地游来游去。

用 如果 那么 和 碰到 ▼ ? 来判断小鱼是否碰到鲨鱼。

② 小鱼被吃掉时,利用 隐藏 实现小鱼被吃了的效果。

③ 小鱼被吃后,通过随机数改变小鱼下一次出现的位置,表示又出现一条小鱼。 等待 4 秒 后小鱼再一次 显示 。

④ 小鱼的程序脚本如图 8-5 所示。想一想,如何快速地用同样方法制作有多条相同程序功能的小鱼呢?

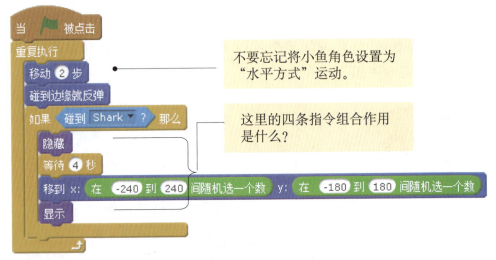

图 8-5 小鱼碰到鲨鱼的动作脚本

程序设计完成后,将你的作品进行保存和分享吧!

四、我们的探究

(1)这个游戏主要是通过四个光标键来控制鲨鱼的游动。我们在玩游戏时,经常用四个字母键来控制角色移动,在这里你能实现吗?

(2)为了使作品更加有声有色,我们是否还可以为本次作品加上海底背景音乐效果,甚至为小鱼和大鲨鱼添加录制"对话"呢?

本课知识导图

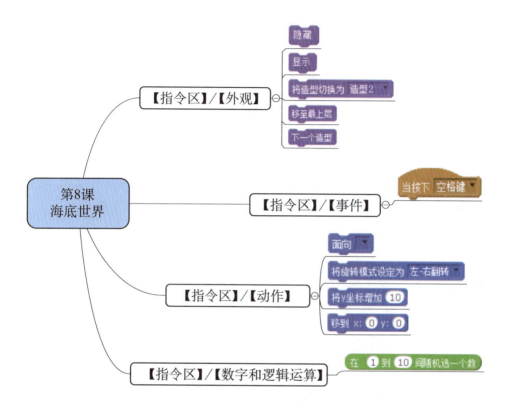

第 9 课

反弹球
——改变坐标值控制角色移动

"嘭!"一颗弹球碰到挡板,迅速地反弹起来,撞向空中的砖块!这就是打弹球游戏的画面,那跳动的弹球、左右移动的挡板,让我们乐在其中。今天我们就一起来利用 Scratch 软件,做一个简化版的打弹球游戏——反弹球!

一、我们的目标

(1)理解碰撞检测技术的使用方法。
(2)掌握角色坐标与鼠标坐标的关联方法。

二、我们的任务

1. 剧本设计

> **主题**:"会反弹"的小球
> **舞台**:草地
> **角色**:小球、反弹板
> **故事**:小球和反弹板在草地上玩游戏,小球碰到边缘就会反弹,落向地面时,反弹板会跟随鼠标指针快速地左右移动,将小球反弹起来。如果小球掉到地上,游戏就结束啦,如图 9-1 所示。

图 9-1 反弹球

2. 程序设计

角色	设计思路	指　令	程　序
小球	反弹板将小球弹起，向上移动，方向为－75 至 75 之间的随机角度	面向 0▼ 方向　　在 1 到 10 间随机选一个数　　碰到 反弹板▼ ？	当 ▶ 被点击　移到 x: 0 y: 0　面向 0▼ 方向　向右旋转 ↻ 45 度　重复执行　　移动 8 步　　如果 碰到 反弹板▼ ？ 那么　　　面向 在 -75 到 75 间随机选一个数 方向
	小球掉到地上，游戏结束	碰到颜色 ■ ？　　停止 全部▼	碰到边缘就反弹　如果 碰到颜色 ■ 那么　　说 游戏结束！ 2 秒　　停止 全部
反弹板	反弹板跟随鼠标指针左右移动	将x坐标设定为 0　　鼠标的x坐标	当 ▶ 被点击　重复执行　　将x坐标设定为 鼠标的x坐标

三、我们的活动

1. 新建背景

从"背景库"中选择"户外"主题中的 blue sky（蓝天）图片，作为新舞台背景。

2. 新建角色

（1）添加角色

从"角色库"中选择"运动"分类中的 Basketball（篮球）图片，作为新角色。适当调整篮球的大小，放置在舞台中间。我们还可以将角色名称改为"小球"。

（2）绘制角色

如图 9-2 所示，单击"绘制新角色"按钮 ✏，打开"绘图编辑器"。

单击"绘制新角色"按钮

图 9-2　打开"绘图编辑器"

这时,可以利用"绘图编辑器"绘制"反弹板"角色,如图 9-3 所示。角色绘制好后,我们还需要调整它在"舞台区"中的位置,并且将它的名称改为"反弹板"。

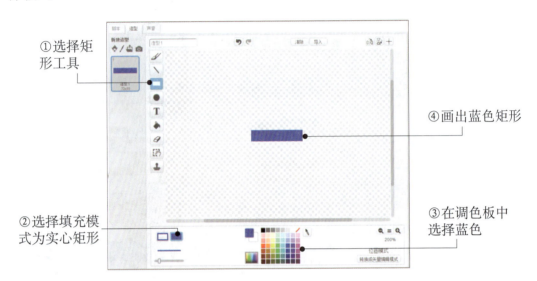

图 9-3　绘制反弹板

Tips

　　在开始绘制造型之前,先将视图调整为 100%,以视图的中心点为原点绘制造型,以便精确定位角色在舞台中的坐标。

3. 搭建程序

（1）反弹板角色程序

根据剧本的要求,我们发现,反弹板能够跟随鼠标的指针左右移动。通过"动作"模块中的 将x坐标设定为 0 和"侦测"模块中的 鼠标的x坐标 组合指令来设定反弹板的 x 坐标,如图 9-4 所示。

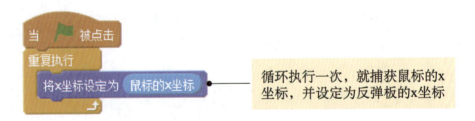

图 9-4　反弹板程序

我们把设定反弹板 x 坐标的动作放在重复执行的指令中,是为了不断地捕捉鼠标的 x 坐标值,及时更新反弹板的 x 坐标。想一想,如果没有这个循环结构,"反弹板"能否跟随鼠标指针移动?

(2)小球角色程序

为了能够实现剧本故事的创意效果,我们首先对小球角色的运动轨迹进行图示分析,如图 9-5 所示。

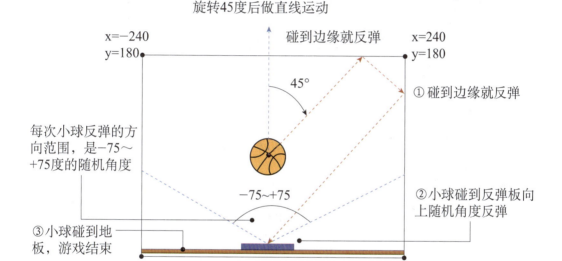

图 9-5 小球运动轨迹示意图

从图示中我们可以发现,小球角色的运动方式分为三种。

① 起始运动方式:小球角色每次从"舞台区"的中心点处开始,由 0 度旋转 45 度后做直线运动;

② "碰到边缘反弹"运动方式:这种运动方式由系统自动处理,小球碰到 "边缘"就会自然反弹;

③ 碰到"反弹板"后的运动方式:当小球遇到反弹板后,就会以一个设定的随机角度进行反弹。具体程序可以参考图 9-6 所示的程序。

其实,"反弹"效果的方式还有几种方式,我们可以将"起始运动"与"反弹运动"两种方式进行个性的设计与创意。如将"起始运动"方式改为自由向下或以一定角度向下的方式做直线运动；将"反弹运动"也改为以"碰到边缘"方式运动等。

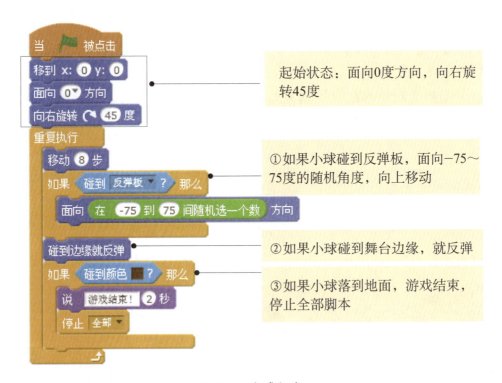

起始状态：面向0度方向，向右旋转45度

①如果小球碰到反弹板，面向-75~75度的随机角度，向上移动

②如果小球碰到舞台边缘，就反弹

③如果小球落到地面，游戏结束，停止全部脚本

图 9-6　小球程序

另外，在"侦测"模块中一共有三个碰撞指令，都是用作分支结构中的条件。

指 令	作 用
碰到 ▼ ？	侦测角色与角色之间是否发生碰撞
碰到颜色 ■ ？	侦测角色是否碰到指定的颜色

为了让程序有理想的执行效果，我们还可以不断地对程序进行修改与调试。同时，也不要忘记对程序进行保存与分享哦！

四、我们的探索

（1）如果让小球发生碰撞时加入音效，是不是更酷呢？

（2）在舞台上部加入 4~8 个砖块，小球碰到砖块时，砖块会"啪"的一声炸掉,这就是完整版的"弹球打砖块"游戏,如图 9-7 所示。请尝试设计制作一下吧。

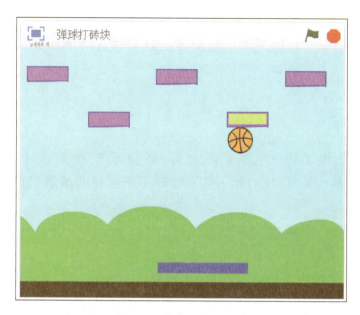

图 9-7 弹球打砖块游戏

本课知识导图

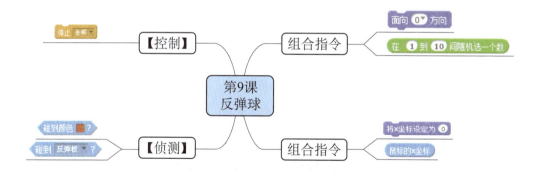

小猴接香蕉

—— 利用碰撞侦测技术设计游戏

大家都知道,猴子最爱吃香蕉了,如果有一天小猴看到"天上不断地掉落香蕉"又会怎么样呢? 下面,我们就一起来设计一下这样的场景吧!

一、我们的目标

(1) 掌握利用角色坐标控制角色移动的方法。

(2) 理解利用键盘光标键,控制角色移动的方法。

二、我们的任务

1. 剧本设计

主题: 小猴接香蕉

舞台: 香蕉园

角色: 小猴、香蕉

故事: 香蕉园里,一只小猴来到香蕉树下,树上成熟的香蕉会一把接一把掉落下来,小猴在树下左右移动,接住一把香蕉就可以得 1 分。当四把香蕉全部落下后,游戏就结束,如图 10-1 所示。

图 10-1 小猴接香蕉

2. 程序设计

角色	设计思路	指 令
香蕉	香蕉从树上掉落下来	将y坐标增加 -5
	小猴接住一把香蕉就得1分,计数器增加1	将变量 得分 的值增加 1 将变量 计数器 的值增加 1
	香蕉落到地上或被小猴接住就隐藏,停止当前脚本	重复执行直到 停止 全部 y坐标 < -180 碰到 小猴 ?
小猴	小猴在光标键的控制下左右移动	按键 左移键 是否按下? 按键 右移键 是否按下? 将x坐标增加 10 将x坐标增加 -10
	香蕉全部落下,即计数器值为4时,游戏结束	计数器 = 4 停止 全部

三、我们的活动

1. 新建背景

从"背景库"中选择"自然"主题类的 pathway 图片,作为新舞台背景。

2. 新建角色

（1）新建小猴角色与造型

从"角色库"中选择"动物"分类中的 Monkey1 图片,作为新角色,并且适当调整角色的大小,放置在舞台底部,再将角色的名称改为"小猴"。

单击"造型"标签,我们会发现小猴角色有两个造型,即 monkey1-a 小猴站立的造型,monkey1-b 小猴向右侧跑动的造型。

想一想,小猴角色还缺少哪个造型？缺少向左侧跑动的造型。我们可以通过"复制"的方式,再利用画图编辑中的"左右翻转",产生"向左侧跑"的新造型,操作过程如图 10-2 所示。

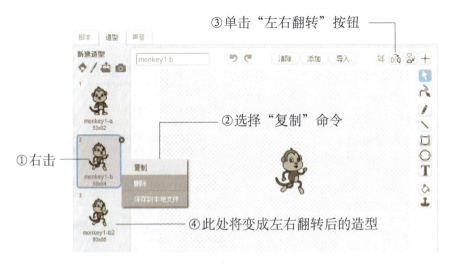

③单击"左右翻转"按钮

②选择"复制"命令

①右击

④此处将变成左右翻转后的造型

图 10-2　复制造型和左右翻转造型

（2）添加香蕉角色

从"角色库"中选择"物品"分类中的 bananas 图片，作为新角色，适当调整大小，将名称改为"香蕉"。

3.　搭建程序

（1）小猴角色程序

首先我们新建两个变量：得分和计数器，如图 10-3 所示。计数器作为整个程序结束的标志，当计数器＝4 时，游戏结束，停止全部程序的运行。

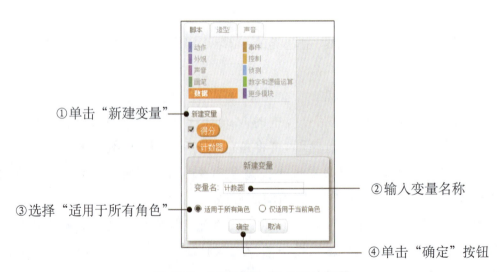

①单击"新建变量"

②输入变量名称

③选择"适用于所有角色"

④单击"确定"按钮

图 10-3　新建变量：得分和计数器

从剧本中我们知道，小猴可以在"舞台区"中左右移动，如图 10-4 所示，那么我们在编写程序中应该如何实现呢？

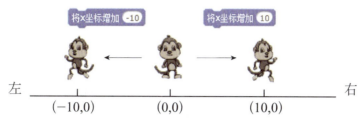

图 10-4 小猴左右移动示意图

小猴角色程序如图 10-5 所示。

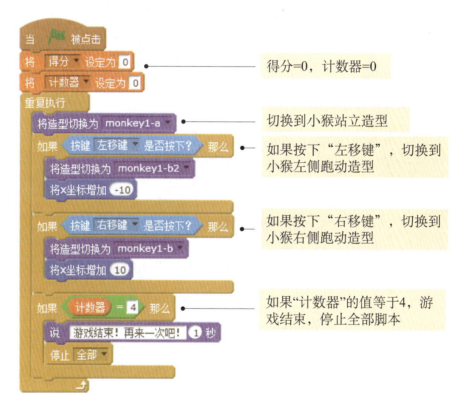

图 10-5 小猴角色程序

（2）香蕉角色程序

香蕉从树上掉落，实际上就是向下移动，直到香蕉的 y 坐标值为－180，即可判断香蕉落到地上，具体程序如图 10-6 所示。在图 10-6 的程序中，我们发现一个新的循环结构，这种结构的逻辑执行过程如图 10-7 所示。

（3）复制角色

一把香蕉的程序设计好后，根据剧本的要求，我们应该为整个游戏设计四把香蕉。这四把香蕉都应该具有相同的程序功能,所以我们可以通过"复制"的方式加以实现,如图 10-8 所示。

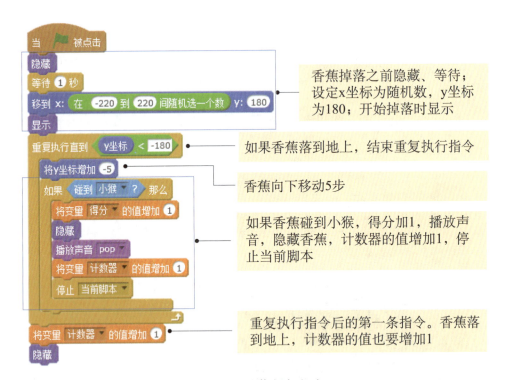

图 10-6　香蕉角色程序

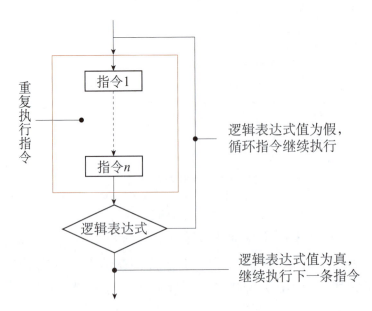

图 10-7　"重复执行指令"结构流程图

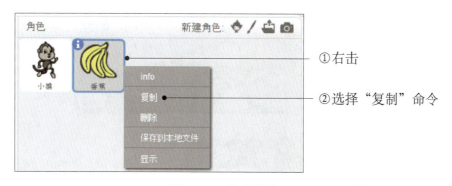

①右击

②选择"复制"命令

图 10-8　复制角色

4. 调试程序

我们在程序的设计过程中,可以边设计边调试。而本次程序的设计,有两个方面需要注意。

(1) 新建"适用于所有角色"的计数器变量,即建立"全局变量"

因为本程序有多个角色,而计数器变量能够满足多个角色的计数效果,所以在新建变量时应选择"适用于所有角色"。想一想,如果在新建变量时选择"仅适用于当前角色",那么,香蕉角色程序中的计数器值还能传递到小猴角色的程序中吗?

(2) 设置香蕉先后下落效果

在复制 4 个香蕉角色后,我们发现 4 把香蕉同时开始掉落,这可不是我们需要的效果。想一想,有解决方法吗?我们可以利用 等待❶秒 指令,并且将数字分别设置成 1、2、3、4,这样香蕉就会按照秩序掉落了。想一想,还有更好的解决方法吗?

四、我们的探索

(1) 为了提高游戏的趣味性,我们还可以在游戏中加入海星角色,海星从树上掉落的速度更快,被海星砸到,游戏就结束,程序如图 10-9 所示。

(2) 学习了小猴接香蕉游戏的程序后,我们能不能把这个游戏改编成一个射击游戏呢?如图 10-10 所示。香蕉的脚本不变,去掉小猴角色,增加一个射击瞄准器的角色,随着鼠标指针在舞台上移动,按下鼠标左键并且两个角色发生碰撞就算打中,快来尝试一下吧!

图 10-9　海星程序

图 10-10　射击游戏

本课知识导图

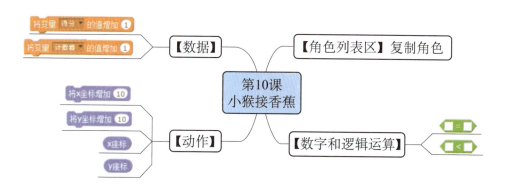

第 11 课

打地鼠（一）
——新建场景

还记得我们曾经玩过的"打地鼠"游戏吗？那一个个憨态可掬的"地鼠"毫无规律地从"地洞"中窜出，被我们快速地打中，这个游戏想起来都令人兴奋！其实，在 Scratch 中也能制作出"打地鼠"游戏，赶紧来试试吧！

一、我们的目标

运用绘图区工具，修改背景与绘制角色。

二、我们的任务

1. 剧本设计

> **主题：**打地鼠
>
> **舞台：**草坪
>
> **角色：**地鼠、棒槌
>
> **故事：**在一片绿油油的草地上，三只地鼠正在洞口玩"捉迷藏"游戏，一会儿窜出头来，一会儿又躲进洞中。正玩得高兴，一只棒槌慢慢地靠近它们，突然，"叭！"棒槌敲向地鼠，"哎哟！"地鼠受惊吓后躲回洞中；过了一会儿，安静后，它们又偷偷溜出来，如图 11-1 所示。

2. 程序设计

本课的主要任务是完成背景、角色设计，程序设计见第 12 课。

三、我们的活动

通过对剧本进行分析，我们发现本次活动有一个新的舞台背景和地鼠、棒槌两个角色，其中棒槌角色应该有两个造型，即准备造型和敲打造型。由于角

图 11-1　"打地鼠"游戏(一)

色库中没有棒槌,所以需要我们自己来设计。

1. 新建背景

(1) 添加舞台背景。从"背景库"中选择"户外"类中的 playing-field 图片,作为新的舞台背景。

(2) 绘制"地鼠洞"。新的舞台背景导入后,就可以在背景图中设计地鼠洞了。单击舞台背景设置区中的 1 背景,新背景就出现在右边的绘图编辑区,具体操作如图 11-2 所示。

图 11-2　在背景图上添加新图形

重复第④步,我们可以在背景图上设计多个地鼠洞,如图 11-3 所示。

图 11-3　绘制"地鼠洞"

2. 绘制"棒槌"角色

（1）删除默认角色"小猫"。在设计新的角色前，我们可以将系统默认的角色删除。

（2）设计"棒槌"角色。设计个性十足的"棒槌"角色，可为游戏增添无比乐趣。如图 11-4 所示，我们可以发现，棒槌是由两个矩形、两个椭圆形组合而成的。

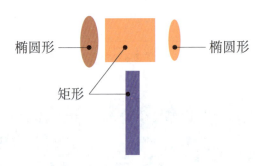

图 11-4　棒槌的组成部分

（3）新建角色。单击"绘制新角色"按钮 ✏，参考图 11-5，利用绘图编辑区的工具，绘制出"棒槌"角色的"准备造型"。具体步骤如下。

① 选择棕黄色，单击"矩形"工具，在绘图编辑区中间用鼠标拖出槌身；

② 选择深黄色，单击"椭圆"工具，画出椭圆槌面；

③ 选择棕黄色，用"椭圆"工具画棒槌头顶；

④ 选择深蓝色，用"矩形"工具画棒槌手柄。

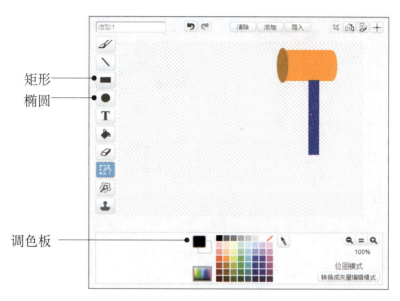

图 11-5 绘制"棒槌"角色

（4）设置造型中心。"准备造型"完成后，我们还需要注意调整造型的"中心点"，这样我们设计的造型就可以围绕"中心点"进行旋转，如图 11-6 所示。

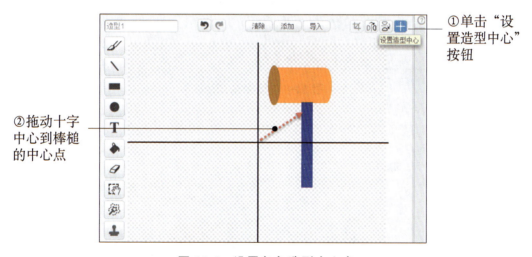

图 11-6 设置角色造型中心点

（5）修改角色名称。将角色的名称改为"棒槌"，具体操作可参考图 2-6 和图 2-7。

（6）添加角色"敲打造型"。棒槌角色有两个造型，即准备造型(a)与敲打造型(b)，如图 11-7 所示。

如何完成"敲打造型"的设计呢？我们可以利用已经完成的棒槌角色的"准备造型"，复制添加"敲打造型"，具体操作如图 11-8 和图 11-9 所示。

Scratch 趣味创意编程

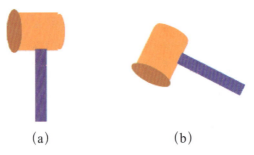

(a)   (b)

图 11-7　棒槌的两个造型

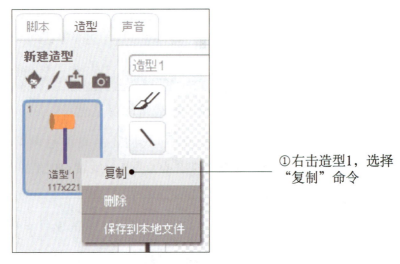

①右击造型1，选择"复制"命令

图 11-8　复制造型 1

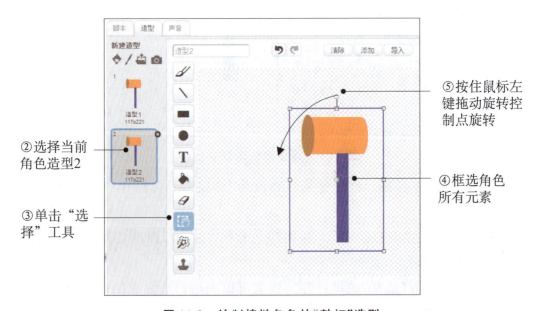

⑤按住鼠标左键拖动旋转控制点旋转

②选择当前角色造型2

④框选角色所有元素

③单击"选择"工具

图 11-9　绘制棒槌角色的"敲打"造型

3. 添加"地鼠"角色

从角色库中,选择"动物"类中的 Squirrel(松鼠)图片,作为角色。为了本次活动的创作方便,我们借用"松鼠"角色代替"地鼠"角色。

可根据背景中地鼠洞的大小,对角色进行缩小或放大,如图 11-10 和图 11-11 所示。

图 11-10　缩小"地鼠"

图 11-11　缩小后的"地鼠"

四、我们的探索

为了让我们设计的作品更具有个性，还可以利用"绘制新角色"按钮 设计出自己喜欢的角色，赶紧试试吧。

本课知识导图

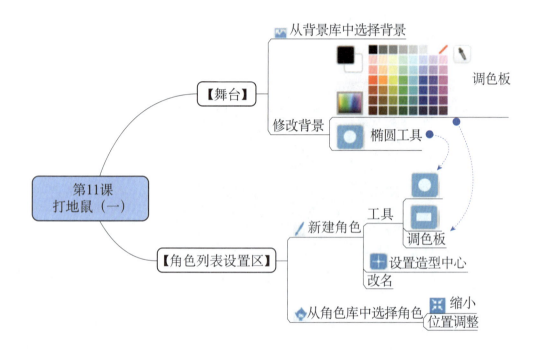

打地鼠(二)
——程序的综合设计

游戏的舞台背景和角色成功创建后,我们就来继续学习游戏的规则,并根据规则尝试设计出程序,如图 12-1 所示。

图 12-1 "打地鼠"游戏(二)

一、我们的目标

(1) 利用角色造型变换,设计实现敲击动作。
(2) 根据游戏环境,设计角色随机性出现。

二、我们的任务

(1) 棒槌程序设计

设计思路	指 令	程 序
一只棒槌慢慢地靠近地鼠	移到 鼠标指针	当 ▣ 被点击 重复执行 移到 鼠标指针 如果 下移鼠标 那么 将造型切换为 造型2 等待 0.2 秒 将造型切换为 造型1
"叭!"棒槌敲向地鼠	如果 下移鼠标 那么 将造型切换为 造型2 等待 0.2 秒 将造型切换为 造型1	

（2）地鼠程序设计

设计思路	指 令	程 序
三只地鼠正在洞口玩"捉迷藏"游戏，一会儿窜出头来，一会儿又躲进洞中	隐藏 等待 在 1 到 5 间随机选一个数 秒 显示 等待 在 1 到 3 间随机选一个数 秒	具体见图 12-3
棒槌敲向地鼠，"哎哟！"地鼠受惊吓后又躲回洞	碰到 棒槌？ 下移鼠标 且 说 哎哟！ 0.5 秒 隐藏	具体见图 12-4
过了一会儿，安静后，他们偷偷溜出来（重复执行）	重复执行	

三、我们的活动

1. 设计"棒槌"角色程序

通过对剧本故事分析，我们发现棒槌角色有两个规则，即：①棒槌能够始终跟随鼠标指针移动；②敲打洞口的地鼠，如图 12-2 所示。

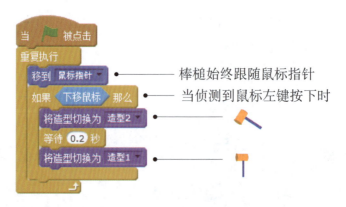

图 12-2 "棒槌"角色程序

2. 设计"地鼠"角色程序

根据剧本故事分析，地鼠角色也有两个规则：①在洞口玩捉迷藏；②被棒槌击中时要显示"哎哟!"0.2 秒后,地鼠角色消失。

规则一:为了实现地鼠玩"捉迷藏"的情景,利用随机数来实现地鼠角色的显示和隐藏效果,如图 12-3 所示。

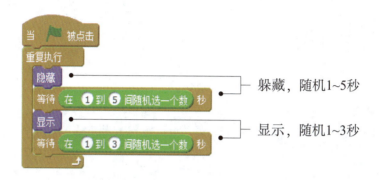

躲藏,随机1~5秒

显示,随机1~3秒

图 12-3 "地鼠"的出现方式程序脚本

规则二:当"地鼠"碰到"棒槌",并且是按下鼠标左键敲打时,"地鼠"就显示"哎哟!",等待 0.2 秒后,"地鼠"隐藏,如图 12-4 所示。

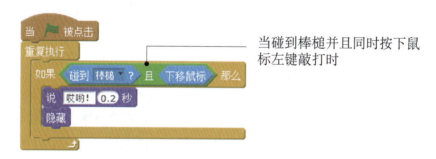

当碰到棒槌并且同时按下鼠标左键敲打时

图 12-4 "地鼠"被"棒槌"击中程序

第一只地鼠的程序设计就完成了,单击"绿旗"看看程序的效果吧!

3. 角色的复制

第一只地鼠的程序完成后,我们就可以通过角色列表区中的"复制"方法,为每个洞内都复制一只"地鼠",如图 12-5 所示。

当有两个以上的角色时,需要注意角色图层的叠加效果,本课中的棒槌应该摆放在最上层来敲打地鼠,因此,我们可以在"棒槌"角色中添加 移至最上层 指令,将棒槌移至所有角色的"最上层"。

图 12-5　拖动调整地鼠的位置

为了让程序有理想的执行效果，我们还可以不断地对程序进行修改与调试。同时，也不要忘记对程序进行保存与分享哦！

四、我们的探索

我们还可以为"地鼠"绘制一个"敲打后地鼠受惊吓"的造型，那么程序又将做怎样的设计呢？ 如敲打后受惊吓变形、敲打后叫喊一声等，如图 12-6 和图 12-7 所示。

①在造型1上右击，选择"复制"命令

图 12-6　复制造型

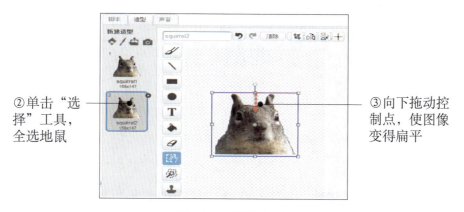

②单击"选择"工具，全选地鼠

③向下拖动控制点，使图像变得扁平

图 12-7 地鼠变形

本课知识导图

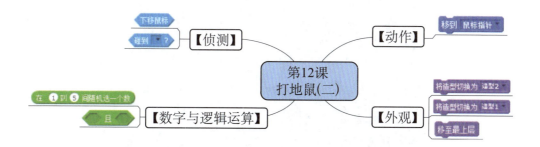

打地鼠(三)

——添加计时与计数功能

为了增加程序的趣味性,我们还可以在程序中增加"计时""计数"等功能,如图 13-1 所示,赶紧动手试试吧!

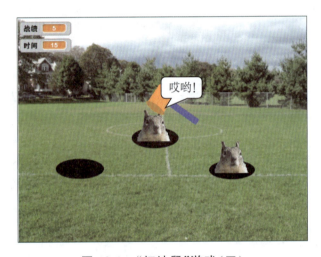

图 13-1　"打地鼠"游戏(三)

一、我们的目标

从音效、战绩、时间限制、通关背景等方面,提升游戏的趣味性。

二、我们的任务

程序设计

角色	设计思路	指　　令	程　　序
棒槌	增添敲打造型的声音效果	播放声音 beat box1	详见图 13-2
地鼠	每击中一次地鼠计 1 分,添加战绩变量	将变量 战绩 的值增加 ①	详见图 13-3

续表

角色	设计思路	指　令	程　序
舞台	添加时间变量，组合倒计时	计时器 将 ◯ 四舍五入 ◯ - ◯ 将 时间▾ 设定为 ▢	详见图 13-5
	添加游戏结束背景	如果 时间 = 0 那么 将背景切换为 playing-field2 ▾ 停止 全部 ▾	详见图 13-7

三、我们的活动

1. 添加棒槌敲击音效

为了让"棒槌"角色敲打时更具有趣味性，我们还可以为它添加"声音打击"效果。从声音库中选择"全部"，选择 beat box1 文件，作为棒槌敲打音效，并且利用"播放声音"指令将声音文件播放出来，如图 13-2 所示。

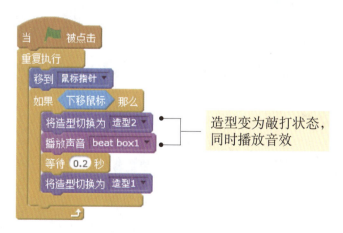

图 13-2　棒槌敲打程序

2. 设置"战绩"变量

为了记录敲打地鼠的次数，可添加变量"战绩"。在游戏开始时，将变量"战绩"初始值设定为 0，游戏中，每打中地鼠一次，变量"战绩"的值增加 1，如

图 13-3 所示。

图 13-3 地鼠程序增加"战绩"变量

Tips

"战绩"变量的初始值,只需在程序开始执行时初始化一次就可以了。

3. 设置游戏倒计时

为了能够让游戏更有趣味效果,我们还可以设计"倒计时"的功能,并且还需要新建一个 时间 变量。想一想,这段程序的倒计时功能应该放到哪里呢?

做一个 60 秒倒计时,可用 将 ○ 四舍五入 将 计时器 时间精确到整数秒,再用逻辑运算减法 ○ - ○ ,用 60 秒减去计时器,就得到剩余游戏时间,显示到时间框,具体的组合过程如图 13-4 所示。背景程序如图 13-5 所示。

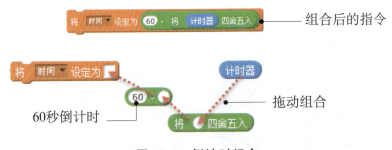

图 13-4 倒计时组合

Tips

那么,这个倒计时程序应该放到哪个位置呢?游戏的"时间"和"战绩"变量是游戏的全部角色都可以使用的,因此应该将这些变量设置在背景的程序中。像这样的变量,就叫作"全局变量"。

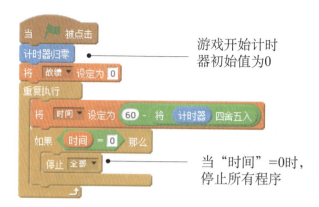

图 13-5　背景程序

4. 增添游戏结束背景

当游戏的时间结束时,我们还可以将背景进行个性化的设计,如显示 GAME OVER 等字样,如图 13-6 所示。

图 13-6　新建游戏结束背景

背景设计好后,程序的设计如图 13-7 所示。

为了让程序有理想的执行效果,我们可以不断地对程序进行修改与调试。同时,也不要忘记对程序进行保存与分享哦!

当 ▶ 被点击
将背景切换为 playing-field ▾ ———— 开始显示背景1
计时器归零
将 战绩 ▾ 设定为 0
重复执行
　将 时间 ▾ 设定为 60 - 将 计时器 四舍五入
　如果 时间 = 0 那么
　　将背景切换为 playing-field2 ▾ ———— 当剩余时间=0，显示
　　停止 全部 ▾ 游戏结束背景2

图 13-7　完整的背景程序

四、我们的探索

想一想,还能怎样增加游戏的趣味性? 如可从地鼠的音效、显示的速度等方面下功夫。

本课知识导图

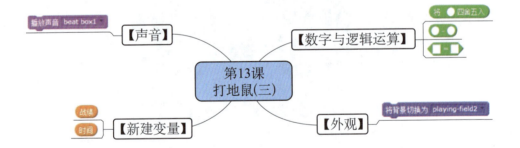

"画"声
——声音侦测与画图

平时我们靠耳朵来听声音,判断声音的大小。你知道吗? 在 Scratch 中,我们还可以"看到"声音,甚至可以把声音的大小"画"出来呢!

一、我们的目标

(1) 了解带有屏幕监视器指令的使用。
(2) 学会将"响度"作为命令属性的方法。

二、我们的任务

1. 剧本设计

> **主题:**"画"出声音
>
> **舞台:** 带有坐标轴的舞台
>
> **角色:** 小猫
>
> **故事:** 一只小猫在舞台上悠闲地来回走动着,当他听到麦克风的声音时,就随着声音大小而波动、起伏"跳跃"等,如图 14-1 所示。

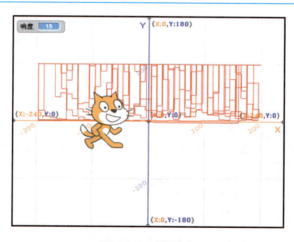

图 14-1 "画"声

2. 程序设计

设计思路	指令	程序
画笔设置	清空 将画笔的颜色设定为 ■ 落笔	当 ▶ 被点击 清空 将画笔的颜色设定为 ■ 落笔 重复执行 　移动 10 步 　碰到边缘就反弹 　将y坐标设定为 响度 　将旋转模式设定为 左-右翻转
小猫在屏幕上来回走动	移动 10 步 碰到边缘就反弹 将旋转模式设定为 左-右翻转 重复执行	
上下位置随着声音的波动而起伏"跳跃"	响度 将y坐标设定为 0	

三、我们的活动

1. 新建背景

为了便于观察小猫移动的轨迹,我们在背景库的"全部"类别中,选择 xy-grid 图片,作为舞台背景。

2. 连接麦克风

那么如何才能够让小猫"听"到我们发出的声音呢?这就需要我们将麦克风和计算机正确连接,如图 14-2 所示,把麦克风接口插入计算机对应的插孔中。设置好后,就可以通过麦克风输入声音。当然,一些笔记本电脑如果有内置式的麦克风,那就不需要接外置麦克风。

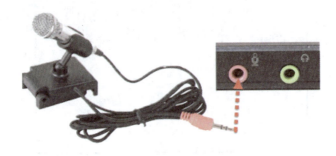

图 14-2　将麦克风和计算机连接

3. 认识 响度 指令

"响度"是用来表示声音强弱的参数。为了能够方便观察"响度"值的变化情况,我们可以将它的值在"舞台展示区"中显示出来,如图 14-3 所示。当"响度"值随着声音的大小而发生改变时,那么就表示麦克风已经与计算机正确连接;否则,就需要重新连接与调试。

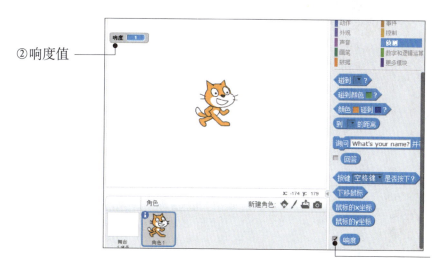

图 14-3　在"舞台展示区"中显示响度值

4. 搭建程序

通过对剧本的分析,我们知道角色小猫应该有以下规则:①能够记录行走的轨迹;②如果没有检测到声音,那么一直直行,即小猫角色的 x 坐标在水平方向移动;③能够根据响度值的大小变化进行"跳跃",即小猫角色的 y 坐标与响度大小一致。

(1)画笔设置。为了能够记录小猫的行走路线,可以使用"画笔"模块中的 **落笔** 指令,如图 14-4 所示。

图 14-4　画笔的设置

（2）行走路线的设置。小猫在舞台上水平走动,根据响度值的大小而起伏"跳跃",如图 14-5 和图 14-6 所示。

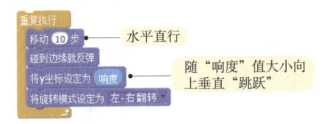

图 14-5　小猫行走路线程序

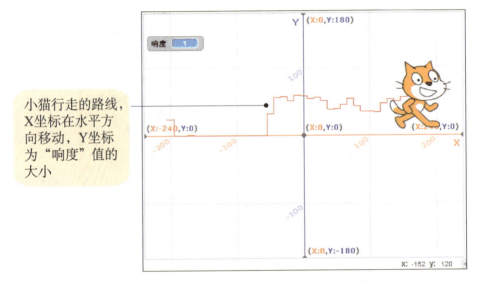

图 14-6　"舞台展示区"记录的小猫行走路线

为了让程序有理想的执行效果,我们可以不断地对程序进行修改与调试。同时,也不要忘记对程序进行保存与分享哦!

四、我们的探索

（1）除了 响度 指令前面带有 ▇ 标志外,还有哪些指令前面带有 ▇ 标志?它们有怎样的功能,并且可以与哪些指令组合应用?

（2）"侦测"指令除了可以侦测到"响度"值外,还有哪些具有类似功能的侦测指令?试一试,像这样的指令有什么作用?

本课知识导图

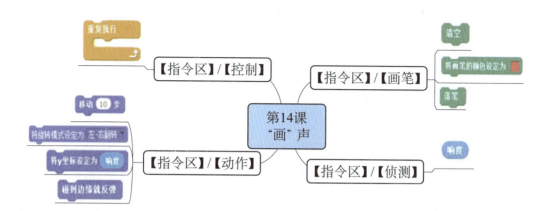

【指令区】/【控制】

【指令区】/【画笔】

【指令区】/【动作】

【指令区】/【侦测】

第14课
"画"声

附录

Scratch 2.0 指令及
功能详解

指令区的"脚本"标签下共有十大模块：动作、外观、声音、画笔、数据、事件、控制、侦测、数字与逻辑运算，以及更多模块。不同的模块用不同的颜色标记，这样就能迅速查找到某个指令。具体的指令描述见附表。表中"动作"的具体参数仅为示例。

附表　Scratch 指令及其功能描述

动作指令	功能描述
移动 10 步	把角色向前或向后移动
向右旋转 ↻ 15 度	顺时针旋转角色
向左旋转 ↺ 15 度	逆时针旋转角色
面向 90▾ 方向	使角色面向特定的方向 （0＝上，90＝右，180＝下，－90＝左）
面向 ▾	使角色面向鼠标指针或者其他角色
移到 x: 0 y: 0	移动角色到舞台指定的位置
移到 鼠标指针▾	移动角色到鼠标指针或者其他角色的位置
在 1 秒内滑行到 x: 0 y: 0	在指定的时间，平滑地移动角色到指定的位置
将x坐标增加 10	将角色的 x 坐标增加指定的值
将x坐标设定为 0	将角色的 x 坐标设定为指定的值
将y坐标增加 10	将角色的 y 坐标增加指定的值

续表

动作指令	功能描述
将y坐标设定为 0	将角色的 y 坐标设定为指定的值
碰到边缘就反弹	当角色碰到舞台边缘时,旋转到反方向
将旋转模式设定为 左-右翻转	将角色的旋转模式设定为指定的方式
x坐标	在舞台上显示角色的 x 坐标
y坐标	在舞台上显示角色的 y 坐标
方向	在舞台上显示角色的方向 (0＝上,90＝右,180＝下,－90＝左)

外观指令	功能描述
说 Hello! 2 秒	在指定的时间显示角色的对话框
说 Hello!	显示角色的对话框
思考 Hmm... 2 秒	以指定的时间显示角色的思考泡泡
思考 Hmm...	显示角色的思考泡泡
显示	显示角色
隐藏	隐藏角色
将造型切换为 造型2	切换指定的造型以改变角色的外观
下一个造型	切换到造型列表中的下一个造型
将背景切换为 背景1	切换指定的背景以改变舞台的外观
将 颜色 特效增加 25	将一种特效增加指定的值
将 颜色 特效设定为 0	设置一种特效为一个指定的值(范围 0～100)
清除所有图形特效	清除角色的所有图形特效
将角色的大小增加 10	将角色的大小增加指定的值

续表

外 观 指 令	功 能 描 述
将角色的大小设定为 100	将角色的大小设定为指定的值
移至最上层	将当前对象图层移到最上层
下移 1 层	将当前对象图层下移一层
造型 #	在舞台上显示造型的编号
背景名称	在舞台上显示背景名称
大小	在舞台上显示角色的大小与原始大小的比例

声 音 指 令	功 能 描 述
播放声音 喵	播放下拉列表中的一个声音,并且马上继续执行下一指令,声音同时播放
播放声音 喵 直到播放完毕	播放一个声音到播放完毕后,再执行下一指令
停止所有声音	停止所有正在播放的声音
弹奏鼓声 1 0.25 拍	以指定的节拍弹奏下拉列表中的乐器
停止 0.25 拍	停止指定的节拍
弹奏音符 60 0.5 拍	以指定的节拍播放下拉列表中的音符
设定乐器为 1	为弹奏音符指令设置乐器类型
将音量增加 -10	将角色的音量增加指定的数值
将音量设定为 100	将角色的音量设定为指定的数值
音量	在舞台上显示音量值(数值范围 0~100)
将节奏加快 20	将角色的节奏加快指定的节拍
将节奏设定为 60 bpm	将角色的节奏设定为每分钟指定的节拍
节奏	在舞台上显示角色的节拍

续表

画笔指令	功 能 描 述
清空	清除舞台所有画笔和盖章
图章	将角色印在舞台上（复制）
落笔	落下角色的画笔,此后它移动时会绘制出图像
抬笔	抬起角色的画笔,此后它移动不会绘制出图像
将画笔的颜色设定为	通过颜色选择器来设置画笔的颜色
将画笔的颜色值增加 10	将画笔的颜色在原来的基础上增加指定的值
将画笔的颜色设定为 0	将画笔的颜色设定为指定的值
将画笔的色度增加 10	将画笔的色度增加指定的值
将画笔的色度设定为 50	将画笔的色度设定为指定的值
将画笔的大小增加 1	将画笔的大小增加指定的值
将画笔的大小设定为 1	将画笔的大小(笔触粗细)设定为指定的值
数据指令	功 能 描 述
新建变量	允许新创建一个自命名的变量。当创建一个变量后,会增加显示 4 条相关指令,可选定变量为所有角色使用(全局),还是只被当前角色所用(局部)
变量1	在舞台上显示变量值
将 变量1 设定为 0	初始化变量值为 0
将变量 变量1 的值增加 1	将变量的值增加 1
显示变量 变量1	显示变量
隐藏变量 变量1	隐藏变量
新建链表	创新一个新的链表。创建一个列表后,与列表相关的许多指令会显示出来。可以选择此列表是被所有角色所用(全局),还是只被当前角色使用(局部)

续表

数据指令	功能 描述
☑ 链表1	在舞台上显示指定链表的值
将 thing 加到链表 链表1▼ 末尾	添加指定项到列表的尾部。添加的项可以是数字或字符串或其他字符
delete 1▼ of 链表1▼	删除列表中的一项。可以从下拉菜单中选择(或输入)要删除的项。选择"末尾"删除列表中的最后一项。选择"全部"删除列表中所有的项。删除一项后,列表大小会减 1
插入: thing 位置: 1▼ 到链表: 链表1▼	向指定的列表中插入指定的值。可以从下拉菜单中选择(或输入)插入的位置,要选择 last 将数据插入列表的尾部。选择 any 将数据插入一个随机的位置。插入一项后,列表大小会加 1
替换位置: 1▼ 链表: 链表1▼ 内容: thing	将内容 thing 替换链表中"1""尾末""随机"某个内容
item 1▼ of 链表1▼	指定链表中的某个具体内容
链表 链表1▼ 的长度	返回指定链表内容的大小
链表1▼ 包含 thing ?	判断链表中是否包含 thing 内容
显示链表 链表1▼	在舞台区显示链表 1
隐藏链表 链表1▼	在舞台区隐藏链表 1
事件指令	功能 描述
当 ▐ 被点击	当绿旗被点击时,执行下面的指令块
当按下 空格键▼	当按下指定的按键时,执行下面的指令块
当角色被点击时	当角色被点击时,执行下面的指令块
当背景切换到 背景1▼	当背景切换到指定背景时,执行下面的指令块

续表

事件指令	功 能 描 述
当 响度▼ > 10	当指定条件大于指定值时,执行下面的指令块
当接收到 消息1▼	当接收到指定消息条目时,执行下面的指令块
广播 消息1▼	广播指定消息给所有角色,然后执行后面的指令,不用等待指令触发
广播 消息1▼ 并等待	广播指定消息给所有角色,触发某些其他指令,并等待指令完成后,再执行下面的指令

控制指令	功 能 描 述
等待 1 秒	等待指定的时间后,执行下面的指令
重复执行 10 次	重复执行特定次指令内部的指令块
重复执行	重复执行指令内部的指令块
如果 那么	如果条件为真(成立),就执行指令内部的指令块
如果 那么 否则	如果条件为真(成立),就执行指令内部的指令块,如果条件为假(不成立),执行"否则"下面的指令
在 之前一直等待	等待,在条件为真(成立)后,再继续执行后面的程序
重复执行直到	重复执行包含的指令直到条件为真后,才继续执行下面的指令
停止 全部▼	停止程序
当作为克隆体启动时	当作为克隆体启动时,执行程序
克隆 自己▼	克隆(复制)一个指定的对象
删除本克隆体	删除自身克隆体

续表

侦测指令	功 能 描 述
碰到 ▼ ？	如果当前角色碰到指定角色或边缘时,返回真
碰到颜色 ▌ ？	如果当前角色碰到指定颜色时,返回真。（单击颜色块,能选择选取颜色）
颜色 ▌ 碰到 ▌ ？	如果第一种颜色碰到第二种颜色,返回真
到 ▼ 的距离	返回当前角色到指定对象的距离
询问 What's your name? 并等待	在舞台上显示问题并提示等待
▢ 回答	在舞台上显示从键盘输入的答案
按键 空格键 ▼ 是否按下？	如果按下指定的按键,则返回真
下移鼠标	如果按下鼠标左键,则返回真
鼠标的x坐标	返回鼠标指针的 x 坐标
鼠标的y坐标	返回鼠标指针的 y 坐标
▢ 响度	在舞台上显示响度值
▢ 视频侦测 动作 ▼ 在 角色 ▼ 上	侦测视频中的物体在角色上的值
将摄像头 开启 ▼	设置摄像头的状态
将视频透明度设置为 50 %	设置视频的透明度为指定值
▢ 计时器	在舞台上显示计时器
计时器归零	将计时器设置为 0
x坐标 ▼ of 角色1 ▼	返回指定对象的属性或者值
▢ 当前时间 分 ▼	在舞台上显示当前时间的指定值
2000年之后的天数	返回 2000 年之后的天数值
用户名	返回用户名值

续表

数字和逻辑运算指令	功能描述
◯ + ◯	两个数相加
◯ - ◯	第一个数减去第二个数
◯ * ◯	第一个数乘以第二个数
◯ / ◯	第一个数除以第二个数
在 ① 到 ⑩ 间随机选一个数	产生一个指定数字范围内的随机数
☐ < ☐	如果第一个数小于第二个数,则返回真
☐ = ☐	如果两个数相等,则返回真
☐ > ☐	如果第一个数大于第二个数,则返回真
且	如果两个条件都为真,则返回真
或	如果两个条件中有一个为真,则返回真
不成立	如果条件为假,则返回真
连接 hello world	连接两个字符串
第 ① 个字符: world	返回字符串中的指定字符
world 的长度	返回字符串的长度
◯ 除以 ◯ 的余数	返回第一个数除以第二个数的余数
将 ◯ 四舍五入	将指定的数四舍五入取整
平方根 ▼ ⑨	将指定的函数计算用于指定的值